Roland Schulé

Batterie | Wasserstoff | SynFuel

Wie werden wir in Zukunft fahren?

ISBN-13: 978-3-926341-46-4

2. Auflage 12.2021

IG-Wolfsberg · 72202 Nagold

www.schoerle.de

Druck: auf 100% Recycling Papier

Cover, Layout: Hajo Schörle

Grafik und Gestaltung: Roland Schulé, Hajo Schörle

Bild- und Kunst Urheber Nr. 412 646

Vorwort: An der Ladestation

Abb. 1: Elektroauto an der Ladestation

Ich lade mein Elektroauto an einer öffentlichen Ladestation. Bevor ich für einige Besorgungen weggehen kann, werde ich von einem älteren Herrn auf mein Elektroauto angesprochen. Ich berichte voller Begeisterung darüber. Mein Gegenüber zeigt sich skeptisch: „Ich halte Batterieautos nur für eine vorübergehende Erscheinung. In ein paar Jahren werden sich Wasserstoffautos durchsetzen." Seine Meinung vertreten viele. Andere sind überzeugt, dass der Verbrennungsmotor Bestand haben wird. Und sollte er nicht mehr mit Kraftstoffen aus Erdöl betrieben werden, dann eben mit synthetischen Kraftstoffen, die nachhaltig hergestellt werden.

Was ist dran an diesen Behauptungen? Steht ein Wettlauf dreier Konzepte um die Zukunft des Automobils bevor? Strom laden, Wasserstoff tanken oder Kraftstoff tanken wie gewohnt?

So einfach ist die Situation nicht. Deshalb soll sie im Folgenden untersucht werden. Wie arbeiten die genannten Antriebskonzepte? Der Blick muss über das Fahrzeug hinaus erweitert werden: Woher kommt der Strom, woher kommt der Wasserstoff, wie werden Kraftstoffe synthetisch hergestellt? Und schließlich ganz allgemein: Wie sieht die Energiewirtschaft der Zukunft aus? Für das vorliegende

Buch habe ich die verfügbaren Untersuchungen zusammengetragen, hinterfragt, bewertet und verglichen. Diese stehen auch Ihnen zur Verfügung und sind deswegen von Ihnen überprüfbar, z.B. beim Umweltbundesamt, Deutsches Institut für Wirtschaftsforschung, Wikipedia, um nur einige zu nennen. Die zahlreichen Quellenangaben weisen Ihnen den Weg[1].

Schließlich habe ich die Daten in diesem Buch zusammengefasst, um auf dem Kenntnisstand von 2020 auf die obigen Fragen Antworten geben zu können. Um eines gleich vorweg zu nehmen: Die **eine** Lösung für unsere künftige Mobilität gibt es nicht. Lesen Sie weiter!

1 In der Folge werden häufig Meta-Zitate wie z.B. Wikipedia verwendet. Der Leser findet an den aufgeführten Stellen die Sachverhalte in verständlicher Sprache beschrieben. Wer noch tiefer in die Materie einsteigen mag, kann den dort aufgeführten Verweisen auf die wissenschaftliche Literatur nachgehen.

1. Kohlendioxid und Klimawandel

Zunächst einmal – warum befindet sich die Kraftfahrzeugtechnik im Umbruch? Dies hängt mit der wichtigsten und globalen Herausforderung der nächsten Jahrzehnte zusammen: dem Klimawandel. Es gilt, im Verkehrssektor den Ausstoß von Kohlendioxid zu senken, wie in allen anderen Bereichen auch. Deshalb folgt hier zunächst ein Kapitel über den Zusammenhang von Kohlendioxid in der Atmosphäre und dem Klimawandel.

Auch wenn es einige wenige abstreiten, so ist doch aus vielen wissenschaftlichen Studien offensichtlich: der Klimawandel ist menschengemacht und setzte mit der industriellen Revolution ein. Er ist die Reaktion der Natur auf die Tatsache, dass der Mensch die Erde über allen Maßen ausbeutet. Das Gute an dieser Nachricht ist, dass der Mensch diese Entwicklung auch verlangsamen und vielleicht sogar stoppen kann. An vorderster Stelle in dieser Betrachtung steht der Ausstoß von Kohlendioxid (chemische Formel CO_2) durch Verbrennung fossiler Brennstoffe: Kohle, Erdöl, Erdgas. Kohlendioxid ist erdgeschichtlich in der Atmosphäre immer zu einem geringen Anteil in der Atmosphäre enthalten gewesen. In den letzten 800 000 Jahren schwankte der Wert zwar, lag aber immer unter 300 ppm.[2]

Kohlendioxid in der Atmosphäre hat eine bemerkenswerte Eigenschaft: Es lässt das Sonnenlicht nahezu ungehindert auf die Erdoberfläche durch. Die dadurch entstehende Wärmestrahlung wird jedoch vom Kohlendioxid aufgefangen und nicht in das Weltall entlassen. Es wirkt also ähnlich wie die Verglasung eines Gewächshauses. Deshalb wird seine Rolle in der englischsprachigen Literatur auch als „greenhouse effect" beschrieben.

2 ppm (parts per million) = Anteile pro Million. Hier 300 Milligramm CO_2 pro Kilogramm Luft.

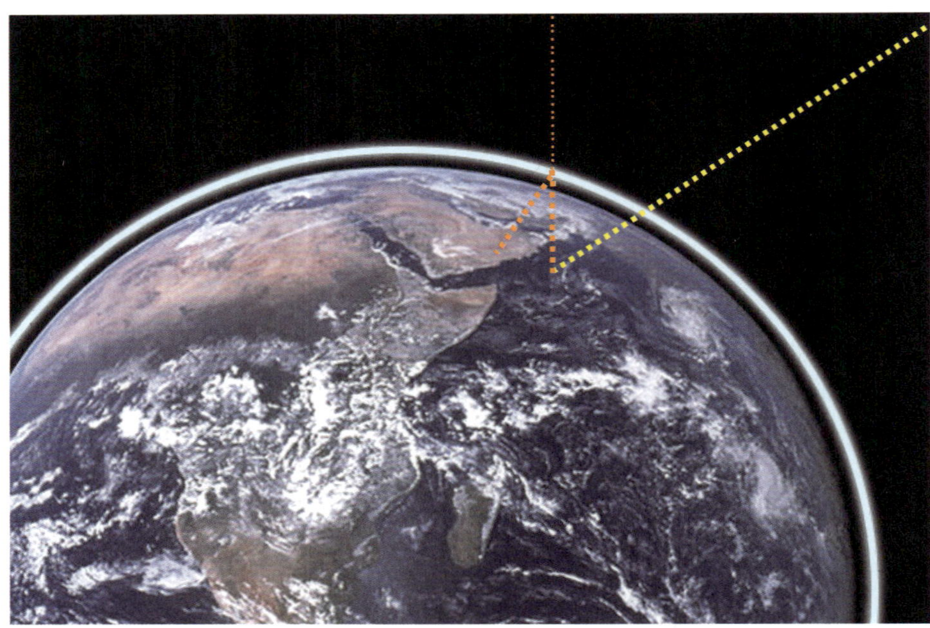

Abb. 2: Foto der Erde aus dem Weltall, © NASA. Die Erde wurde hier zur Verdeutlichung mit einer Atmosphärenhülle versehen. In Wirklichkeit ist die Atmosphäre ein viel dünnerer Mantel und im Foto unsichtbar. Das einfallende kurzwellige Sonnenlicht (gelb punktierte Linie) durchdringt die Atmosphäre und erreicht den Erdboden. Es entsteht Wärme, die die langwellige Wärmestrahlung aussendet (rot punktierte Linie). Die Wärmestrahlung durchdringt nur zum Teil die Atmosphäre. Ein Teil der Wärmestrahlung wird vom CO_2 der Atmosphäre aufgenommen, verbleibt als Wärme dort oder heizt Festland und Ozeane auf.

Ohne Kohlendioxid in der Atmosphäre wäre es auf der Erde bitter kalt; die Jahresdurchnittstemperatur würde bei -15° Celsius liegen und die Erde wäre von einem dicken Eispanzer überzogen. Umgekehrt wirkt sich ein Zuviel von Kohlendioxid gleichfalls verhängnisvoll aus. Die Atmosphäre, die Meere und die Erde würden immer wärmer werden. Es käme auf vielen Landflächen zu Dürrekatastrophen in deren Verlauf die Ernteerträge zurückgingen oder ausblieben. In Wäldern genügte bereits ein kleiner Anlass, der Funkenflug aus einer benachbarten Siedlung, eine achtlos weggeworfene Zigarette, der Blitzschlag eines Gewitters oder ein unerlaubtes Lagerfeuer, damit die Bäume Feuer fangen und der Wald großflächig brennt. Die höhere Meerestemperatur ließe mehr Wasser verdampfen, das in der Folge als Starkregen zu Überschwemmungen führte. Die höhere Meerestemperatur führte auch zur Ausdehnung des Meereswassers, was zu Überschwemmung küstennaher Tieflandregionen führte. Das Abschmelzen der kontinentalen Eisschilde auf Grönland und der Antarktis würde diese Katastrophe noch verstärken.

Sie haben von diesen Umweltkatastrophen sicherlich bereits gehört: Waldbrände in Kalifornien und Australien, Überschwemmungen in Indien und Pakistan, Dürrekatastrophen in Afrika. All dies scheint für uns in ferner Zukunft zu liegen oder sich in fernen Ländern abzuspielen. Sind wir Mitteleuropäer also (noch) nicht betroffen? Sie brauchen jedoch gar nicht so weit in die Ferne blicken. Umweltkatastrophen ereignen sich auch vor unserer Haustüre und auch sie sind dem Klimawandel geschuldet.

Abb. 3: Waldbrand in Brandenburg, ©Tilo/Wikipedia

Abb. 4: Dürre Wiese bei Kaarst, ©Mimikry11/Wikipedia

Abb. 5: Hochwassereinsatz des THW an der Elbe, ©Bundesanstalt THW/Wikipedia

Abb. 6: Hochwasser in Schlottwitz, ©Harald Weber/Wikipedia

Abb. 7: Sturmflut in Otterndorf, ©Niclas Roese/Wikipedia

Abb. 8: Schwere Sturmflut an der Unterelbe, ©Walter Rademacher/Wikipedia

Seit dem Beginn der Industrialisierung wurden großen Mengen an Kohlenstoff in Form von Kohle, Erdöl und Erdgas aus der Erde gefördert, verbrannt und das Kohlendioxid in die Atmosphäre entlassen. Dementsprechend ist der CO_2-Anteil steil angestiegen und liegt derzeit (2018) bei 408 ppm[3]. Mit geringer zeitlicher Verzögerung folgte die Atmosphärentemperatur und liegt nun um 1,0 ° über dem Wert der vorindustriellen Zeit. Der Meeresspiegel steigt derzeit um 3 bis 4 mm pro Jahr[4].

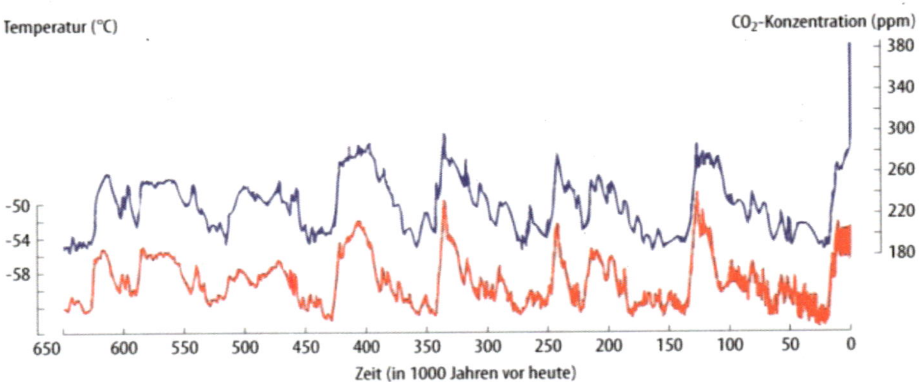

Abb. 9: CO2-Konzentration und Temperatur in Eisbohrkernen der Arktis, © Bundeszentrale für politische Bildung, Wetter, Klima und Klimawandel (2013).

Die hier gezeigten Daten wurden aus Eisbohrkernen der Antarktis gewonnen. (Daten aus der Antarktis sind frei von lokalen Gegebenheiten wie z.B. Industrie.) Man kann sehr gut sehen, wie die Temperatur (rote Linie) der CO_2-Konzentration (blau) folgt.[5] Der derzeitige steile CO_2-Konzentrationsanstieg hat die Temperatur in der Antarktis noch nicht gravierend verändert. Global ist aber die Jahresmitteltemperatur um 1,0 °C und in Deutschland um 1,5 °C angestiegen.

3 Umwelt-Bundesamt „Atmosphärische Treibhausgas-Konzentrationen"
4 Wikipedia „Meeresspiegelanstieg seit 1850"
5 Bundeszentrale für politische Bildung, Wetter, Klima und Klimawandel (2013)

Ist der Klimawandel wirklich von Menschen verursacht?

Diese Frage wird häufig von Klimaskeptikern gestellt. Dabei schwingt der Unterton mit, ob der Klimawandel eine natürliche Ursache haben könne. Wenn dem so wäre, könnte man die Hände in den Schoß legen und weiter so wirtschaften wie bisher.

Der Zusammenhang von Kohlendioxid und der Absorption der Wärmestrahlung wurde bereits 1824 vom französischen Mathematiker und Physiker Joseph Fourier entdeckt und inzwischen vielfach bestätigt. Dass das zusätzliche Kohlendioxid tatsächlich durch die Verbrennung fossilen Kohlenstoffs beruht, kann man am Isotopenverhältnis ablesen. Kohlenstoff gibt es in drei Isotopensorten: ^{12}C (98,89 %), ^{13}C (1,11 %) und ^{14}C (0,0000000010 %). Das ^{14}C ist radioaktiv und zerfällt mit einer Halbwertszeit von 5370 Jahren. Es wäre aus der Atmosphäre längst verschwunden, wenn es nicht durch Strahlung aus dem Weltall ständig neu gebildet würde. Anders sieht es in den fossilen Lagerstätten von Kohle, Erdöl und Erdgas aus, bereits Millionen Jahre abgeschirmt von der Strahlung aus dem Weltall: ^{14}C darin ist längst zerfallen. Der Kohlenstoff im CO_2, der beim Verbrennen fossiler Brennstoffe in die Luft entlassen wird, enthält kein ^{14}C mehr. Dieser „alte" Kohlenstoff verdünnt das ^{14}C in der Atmosphäre. Durch die Messung des ^{14}C-Gehalts der Atmosphäre kann also unabhängig verfolgt werden, wieviel CO_2 von Menschenhand in die Atmosphäre gelangt ist.

Neben dem Kohlendioxid spielen auch andere Gase eine Rolle beim Klimawandel. Methan (chemische Formel CH_4) hat ungefähr eine 30-fache Wirkung auf das Klima als Kohlendioxid[6]. Es entsteht vor allen Dingen bei der Verrottung organischer Substanzen, verstärkt bei der Rinderzucht, aber tritt auch bei Leckagen der Erdgasförderungen und dem Erdgastransport aus.

Lachgas (chemisch Distickstoffmonoxid N_2O) entsteht durch Bodenbakterien bei der Zersetzung von organischen Stoffen, insbesondere Gülle. Dabei entsteht in der Intensiv-Landwirtschaft etwa das 2,5-fache an Lachgas als bei der Biolandwirtschaft. Insgesamt trägt Lachgas zu etwa 10 % zum Klimawandel bei[7].

---

6 Wikipedia „Methan"
7 Wikipedia „Distickstoffmonoxid"

Auch Wasserdampf hat eine wichtige Auswirkung auf das Klima. Allerdings spielt er bei dem von Menschen verursachten Klimawandel keine primäre Rolle[8]. Die Menge von Wasserdampf, die die Atmosphäre aufnehmen kann, ist begrenzt. Wasserdampf, der darüber hinaus in die Atmosphäre entlassen wird, kondensiert in Form von Wassertröpfchen oder Eis und bildet Nebel oder Wolken. Wasserdampf ist also schon immer vorhanden und sein Anteil kann durch menschliche Emissionen nicht weiter gesteigert werden. Es gibt jedoch eine indirekte Auswirkung. Wenn Kohlendioxid, Methan und Lachgas die Temperatur der Atmosphäre erhöhen, so kann die Atmosphäre zusätzlichen Wasserdampf aufnehmen. Dieser wirkt dann – noch stärker als Kohlendioxid – auf die Abschirmung der Wärmestrahlung. Wasserdampf ist also für sich kein Klimagas, aber ein Verstärker der Auswirkungen der Klimagase. Der Verstärkungsfaktor ist etwa 2.[9]

In der Folge soll vereinfachend nur von Kohlendioxid die Rede sein. Zum einen dominiert Kohlendioxid trotz seiner geringeren Auswirkung durch die schiere Menge des Ausstoßes (2018: weltweit 36,6 Milliarden Tonnen pro Jahr[10]) den Klimawandel. Andere Treibhausgase werden berücksichtigt, indem sie in die entsprechende Menge Kohlendioxid umgerechnet werden, die die gleiche Auswirkung hätte.

CO_2-Äquivalent

Wenn im Folgenden von CO_2 die Rede ist, so ist stets das ganze Sortiment an Treibhausgasen gemeint. Die Klimawirkung der weiteren Treibhausgase (außer CO_2) wird so umgerechnet, als wäre sie der entsprechenden Menge CO_2 geschuldet. Diese Größe wird in der wissenschaftlichen Literatur als CO_2-Äquivalent bezeichnet, kurz CO_2-eq.

---

8 Umweltbundesamt „Ist nicht Wasserdampf statt CO_2 das wichtigste Treibhausgas?“

9 Stefan Rahmstorf, Potsdam Institut für Klimafolgenforschung, „Antworten auf Leserzuschriften“

10 Statista.de

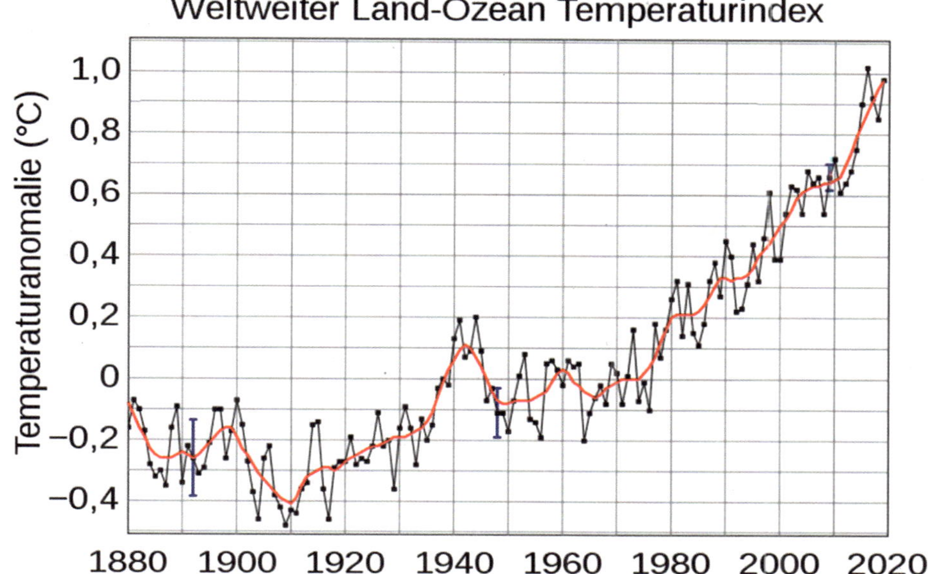

Abb. 10: Weltweiter Land-Ozean Temperaturindex.[11] © NASA/Wikipedia.
Die blaue Kurve stellt die Jahresmittelwerte dar, die rote Kurve eine Glättung über 5 Jahre

11 Wikipedia „Globale Erwärmung“

Um das Ausmaß des Klimawandels auf ein beherrschbares Niveau zu senken, haben sich die meisten Staaten der Welt am 12. Dezember 2015 auf das Pariser Klimaschutzabkommen geeinigt[12]. Darin wird festgehalten, dass die Unterzeichner alle notwendigen Maßnahmen ergreifen, um die Erderwärmung deutlich unter 2 ° zu halten, möglichst nur 1,5 °. In diesem Rahmen verfolgt die EU und damit auch die Bundesrepublik Deutschland das Ziel, den CO_2-Ausstoß bis 2030 um 55 % gegenüber dem Stand von 1990 zu senken[13]. Bis 2050 soll Deutschland komplett CO_2-neutral sein.

CO_2-frei und CO_2-neutral

Hier sei eine wichtige Begriffserklärung eingeschoben, denn oftmals werden CO_2-frei und CO_2-neutral gleichgesetzt. Ein Prozess ist CO_2-frei, wenn dabei keinerlei CO_2 freigesetzt wird. Ein Prozess ist CO_2-neutral, wenn dabei zwar CO_2 freigesetzt wird, dieses aber an anderem Ort oder zu anderer Zeit wieder aufgenommen wird. Drei Beispiele:

Eine Ölheizung erzeugt CO_2.

Eine Holzheizung ist nahezu CO_2-neutral, denn das CO_2, das bei der Verbrennung des Holzes entsteht, wurde zuvor beim Wachstum der Bäume aus der Luft aufgenommen.

Eine solarthermische Heizung ist im Betrieb nahezu CO_2-frei.

12 Wikipedia „Übereinkommen von Paris“
13 Die Bundesregierung, Klimaschutz

Abb. 11: Earthrise, © NASA, aufgenommen am 24. Dezember 1968 von William Anderson während des Flugs von Apollo 8. Zum ersten Mal wurde die Raumkapsel so gedreht, dass die Besatzung die Erde über der Mondoberfläche aufgehen sehen konnte.

William Anderson:

"Oh, my God! Look at that picture over there!
Here's the Earth coming up. Wow, is that pretty!"

„Oh, mein Gott! Seht euch dieses Bild da an! Hier geht die Erde auf.
Mann, ist das schön!"

Werfen Sie noch einmal einen Blick auf die Erde. Machen Sie sich bewusst, welch dünne Schicht Atmosphäre uns vor der Kälte des Weltalls und der Hitze der Strahlung schützt. Können Sie da verantworten, die Atmosphäre als Müllhalde für Kohlendioxid und andere Treibhausgase zu nutzen? Und das, ohne im erforderlichen Umfang die „Müllgebühren" zu bezahlen?[14]

---

14 Es gibt eine CO_2-Abgabe, aber sie deckt bei weitem nicht die Folgekosten der CO_2-Emission.

2. Sektoren der CO_2-Emissionen

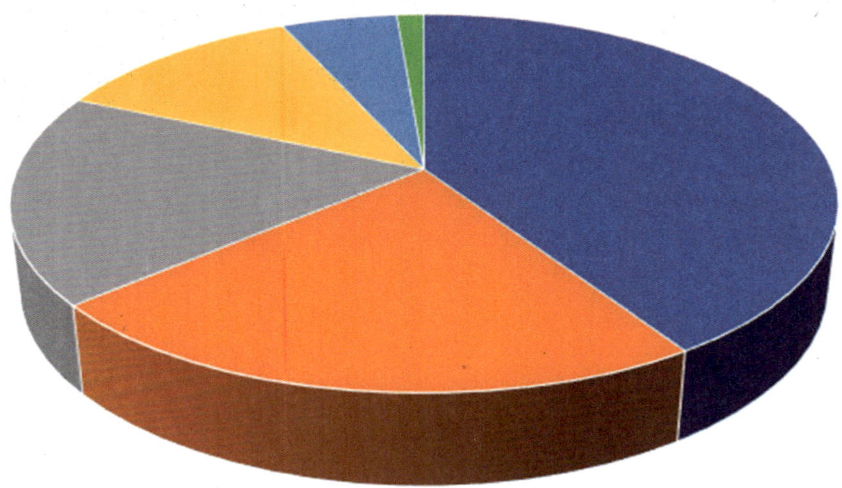

Abb. 12: CO_2-Ausstoß nach Sektoren[15]

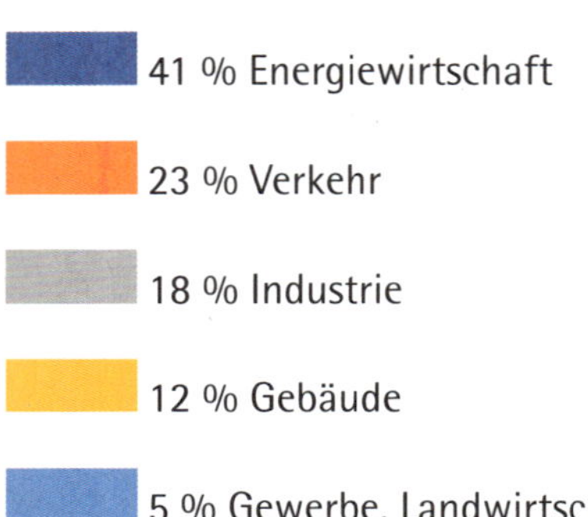

15 Daten von 2018. Die Bundesregierung, Klimaschutz

Den größten Anteil an den deutschen Gesamtemissionen[15] verursacht die Energiewirtschaft mit knapp 41 % (2018), vor allem durch die Verbrennung fossiler Energieträger für die Strom- und Fernwärmeversorgung. Allerdings konnte die Energiewirtschaft den CO_2-Ausstoß seit 1990 um 31 % senken. Dies liegt vor allem an dem Ausbau der Windkraft, Biomasse, Photovoltaik und Solarthermie.

Den zweiten Platz belegt der Verkehrssektor mit knapp 23 % des CO_2-Austoßes. Die Treibhausgas-Bilanz des Sektors hat sich im Vergleich zu 1990 so gut wie nicht verändert, sie ist zeitweise sogar leicht angestiegen. Hauptverursacher ist der Straßenverkehr: 96 % der Verkehrsemissionen stoßen Pkw und Lkw aus, Pkw verursachen zwei Drittel davon. Die Fortschritte in der Motorentechnik werden durch das höhere Verkehrsaufkommen und den Trend zu größeren, schwereren Fahrzeugen, insbesondere den Stadtgeländewagen, zunichte gemacht. Gegenüber 1990 sind 71 % mehr Lkw und 31 % mehr Pkw auf den Straßen unterwegs. Außerdem fahren 95 % der neuen Fahrzeuge noch immer mit Benzin und Diesel aus fossilen Quellen. Also Grund genug, sich im Folgenden mit den alternativen Antriebsformen zu beschäftigen.

An dritter Stelle der CO_2-Verusacher steht die energieintensive Industrie mit rund 18 %. Die Emissionen entstehen zu zwei Dritteln durch Industriefeuerung, also zur Gewinnung von Prozesswärme. Ein Drittel wird bei der Herstellung energieintensiver Produkte freigesetzt, vor allem in der Metall- und Chemieindustrie, etwa für Stahl, Düngemittel und Zement. Auch dieser Sektor kann eine Senkung des CO_2-Ausstoßes um 30 % vorweisen. Energie, Materialien und Ressourcen werden effizienter genutzt, erneuerbare Wärme eingesetzt und klimaneutrale Verfahren eingeführt.

Beim CO_2-Ausstoß steht der Gebäudesektor mit knapp 12 % CO_2-Emissionen auf Platz vier. Heizen verursacht die meisten Gebäude-CO_2-Emissionen. Denn geheizt wird nach wie vor überwiegend mit Gas und Heizöl. Jedoch machen sich die Verbesserungen bei der Wärmedämmung und der zunehmende Einsatz von solarthermischen Anlagen bemerkbar; der CO_2-Ausstoß ist um 30 % zurückgegangen.

Die Sektoren Energie, Industrie und Gebäude können also Fortschritte aufweisen. Sie liegen zwar nicht im Zeitplan und deshalb müssen in diesen Sektoren verstärkte Anstrengungen unternommen werden. Aber immerhin sind erste Schritte getan. Sorgenkind bleibt jedoch der Verkehrssektor.

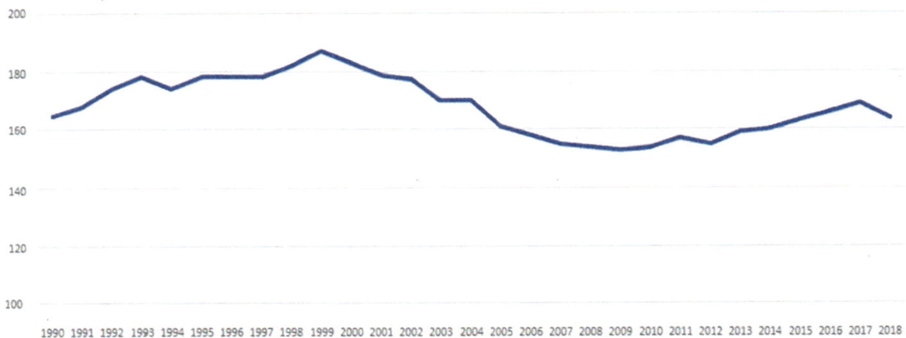

Abb. 13: Emissionen des Verkehrssektors in Millionen Tonnen CO_2[15], laut Umweltbundesamt

Das wachsende Verkehrsaufkommen ist deutlich an der Steigung in den 90er-Jahren zu erkennen. Es folgten Jahre mit effizienterer Motorentechnik. Der Anstieg ab 2010 ist dem Trend zu immer größeren Fahrzeugen zu verdanken. Vielleicht ist der Rückgang von 2018 (der exakt gleich dem Wert von 1990 ist) ein erstes Anzeichen von mehr elektrischen Antriebssträngen (Hybrid-, Plug-in-Hybrid- und batterieelektrische Fahrzeuge).

Der CO_2-Ausstoß im Verkehrssektor kann prinzipiell durch die folgenden Maßnahmen gesenkt werden:

Verlagerung des Verkehrs

Eine der wirksamsten Maßnahmen besteht in der Steigerung der Attraktivität des Fuß- und Radverkehrs. Indem Park- und Fahrstreifen des Autoverkehrs aufgegeben werden und stattdessen großzügige Rad- und Fußwege eingerichtet werden, ließe sich eine erhebliche Minderung des Verkehrsaufkommens und der damit verbundenen Emissionen erzielen, insbesondere in Städten. Oft klagt der Einzelhandel über solche Maßnahmen, aber die Erfahrung zeigt, dass die Verlangsamung des Verkehrs zu einem Aufblühen des ansässigen Einzelhandels führt. Radschnellwege könnten die Peripherie der Städte mit dem Zentrum verbinden. Radfahren macht Spaß und stärkt die Gesundheit.

Abb. 14: Frauenstraße in München, Visualisierung, © Andreas Gregor/ADFC München

Im öffentlichen Personenverkehr sind neue Ideen gefragt, die oft nicht einmal große Investitionen erfordern. So könnte der Benutzer mittels einer Smartphone-App den Zustieg zum Verkehrsmittel und das Verlassen registrieren; die Abrechnung des Fahrpreises erfolgte automatisch.[16] Es stellte sich nämlich heraus, dass unübersichtliche Zonen und umständlich zu bedienende Ticketautomaten zu häufiger Ablehnung des öffentlichen Verkehrsträgers führen.

Der öffentliche Personenfernverkehr könnte durch Steigerung des Fahrkomforts, der Geschwindigkeit, aber vor allem der Pünktlichkeit und Zuverlässigkeit attraktiver gemacht werden. Damit könnte er erfolgreicher gegen den Autobahnverkehr und Flugverkehr bestehen.

Gütertransporte sollten von der Straße auf die Schiene verlagert werden. Seit der Öffnung der innereuropäischen Grenzen hat der Lkw-Verkehr auf den Autobahnen dramatisch zugenommen. Häufig muss man davon ausgehen, dass ein oder zwei Fahrstreifen der Autobahn ausschließlich von Lkw benutzt werden und für den Personenverkehr wenig Platz übrigbleibt.

16 Verkehrsministerium Baden-Württemberg, Digitalisierung im ÖPNV

Abb. 15: Lkw-Stau auf der Autobahn, © CC pixabay, hpgruesen

Jedoch auch für Lkw-Lenker ist – neben den Staus - die Situation alles andere als angenehm. Die Rastplätze sind chronisch überfüllt, Lkw parken oft bereits in deren Ein- und Ausfahrten.

Wo die Nutzung eines Personenwagens unumgänglich ist, können Angebote des Carsharings helfen, die Umweltbelastung zu senken. Im Mittel weisen sie einen geringeren CO_2-Ausstoß auf als Privatfahrzeuge (durchschnittlich 102 g CO_2/km anstatt 133 g CO_2/km[17]). Dafür gibt es mehrere Gründe:

- Die Fahrzeuge sind im Schnitt moderner und damit effizienter als die Privat-Pkw, weil sie wegen der intensiveren Nutzung durch viele Benutzer schneller ausgetauscht werden.
- Die Fahrzeuge sind nicht auf die maximalen Transportaufgaben (z.B. Urlaubsfahrt) zugeschnitten wie Privat-Pkw; meist handelt es sich bedarfsgerecht eher um Kleinwagen oder Kompaktwagen. Eine kleine Zahl von Kombis oder Kleintransportern in der Carsharing-Flotte genügt für die selten anfallenden umfangreicheren Transportanforderungen.
- Es befinden sich derzeit mehr Elektroautos darunter als im Privatbesitz.

17 www.carsharing.de

Wichtig ist noch, dass die Carsharing-Pkw weniger Parkraum belegen, als wenn jeder Nutzer einen eigenen Pkw parken würde.

Es gibt das stationäre Carsharing, wo das Fahrzeug von einem festgelegten Platz abgeholt und dort auch wieder hingebracht werden muss. Diese Abholungen sind vor allem dann lästig, wenn die Carsharing-Station sich nicht in fußläufiger Entfernung befindet. Beim Free-floating Carsharing informiert man sich im Internet über den Standort des nächstgelegenen Fahrzeugs und reserviert und mietet dieses. Nach der Nutzung kann das Fahrzeuge innerhalb eines abgegrenzten Gebiets an beliebigem Ort parkiert und wieder freigegeben werden. Die Abrechnung nach Fahrtstrecke und Nutzungsdauer erfolgt automatisch. Ein Anbieter von Free-floating Carsharing muss allerdings Personal vorsehen, das die Fahrzeuge (meist über Nacht) wieder geschickt verteilt.

Abb. 16: Carsharing-Fahrzeuge

Einsatz emissionsarmer Antriebsformen

All oben geschilderten Maßnahmen - so wünschenswert sie sind - werden jedoch nicht dazu führen, dass der mobilisierte Individualverkehr völlig verschwindet. Gerade im ländlichen Raum, wo der öffentliche Personennahverkehr häufig nur Taktzeiten von einer Stunde und länger bietet, wo die Fahrzeiten mit allen Anschlüssen oft ein Mehrfaches der Pkw-Fahrzeit betragen, wird das eigene Auto unverzichtbar bleiben.

Was also tun, um einerseits die CO_2-Emissionen nach unten zu bringen und andererseits die individuelle Mobilität zu erhalten? Wenn von der Zukunft des Automobils die Rede ist, kommen zunächst Antriebe in Betracht, die lokal CO_2-frei sind. Dies sind einerseits der batterieelektrische Antrieb und andererseits der Brennstoffzellen-Antrieb mit Wasserstoff. In beiden Fällen wird ein Elektromotor zum Antrieb des Fahrzeugs genutzt. Ein ergänzender Blick gebührt Antrieben, die

CO_2-neutral sind, nämlich Verbrennungsmotoren mit biogenen oder synthetischen Kraftstoffen.

Lokal CO_2-frei oder CO_2-neutral heißt jedoch nicht, dass der gesamte Betrieb des Fahrzeugs frei von CO_2-Emissionen wäre. Denken Sie daran, dass Strom unter anderem in Kohlekraftwerken erzeugt wird und Wasserstoff aus Erdgas gewonnen wird. Darüber wird in den folgenden Kapiteln noch mehr die Rede sein. Es geht, um es genau auszudrücken, nicht darum, welche Antriebsart umweltfreundlich ist, sondern welche weniger umweltschädigend ist.

Werfen Sie im folgenden Kapitel zunächst einen genauen Blick auf die Technik dieser Antriebskonzepte.

3. Die Konzepte

3.1 Batterieelektrischer Antrieb

Die prinzipielle Funktionsweise eines batterieelektrischen Antriebs kennen Sie sicherlich, auch wenn Sie kein Elektroauto fahren. Kinder besitzen oft ein ferngesteuertes Automodell. Darin ist ein Akku verbaut, der den Strom für den Elektromotor liefert. Wenn das Automodell eine Zeitlang gefahren ist, dann ist der Akku leer und muss mithilfe eines Ladegeräts wieder aufgeladen werden.

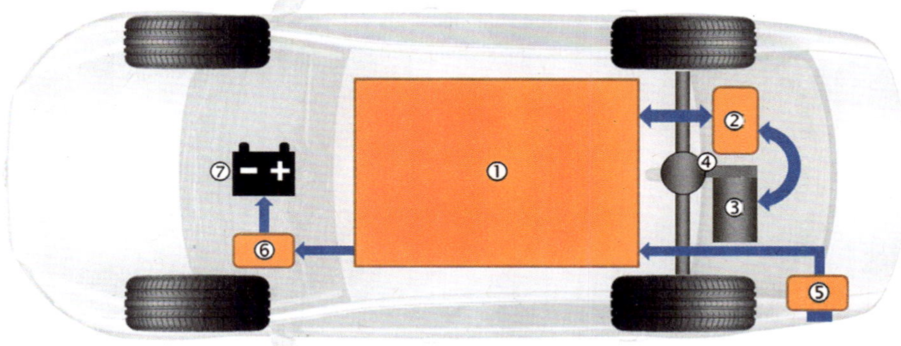

Abb. 17: Prinzip eines batterieelektrischen Fahrzeugs

① Antriebsbatterie

② Wechselrichter

③ Drehstrommotor

④ Eingang-Getriebe

⑤ Ladegerät

⑥ Gleichstromwandler

⑦ 12-V-Batterie

Genauso funktionieren prinzipiell auch Elektroautos, allerdings gibt es ein paar Unterschiede:

Der Motor ist kein Gleichstrommotor wie im Spielzeug, sondern praktisch immer ein Drehstrommotor. Dieser lässt sich feinfühliger und effizienter steuern. Ein Drehstrommotor wird nicht mit Gleichstrom betrieben, wie er aus der Antriebsbatterie kommt, sondern mit Drehstrom, das sind drei zeitversetzte Wechselströme. Deshalb muss zwischen der Antriebsbatterie und dem Elektromotor ein elektronischer Baustein vorhanden sein, der diese Umwandlung vornimmt. Dies ist der Wechselrichter, auch als Umrichter bezeichnet. Indem der Wechselrichter die Frequenz des Drehstroms bestimmt, steuert er die Drehzahl des Elektromotors. Durch die Steuerung der Stromstärke wird das Drehmoment des Elektromotors vorgegeben. Die Steuerung ist umfassend, weil mit der Frequenz und der Stromstärke des Elektromotors alle Fahrzustände erzeugt werden können. Vom Stillstand über das zentimetergenaue Rangieren bis zu schneller Fahrt. Eine Kupplung und ein Wechselgetriebe mit verschiedenen Übersetzungen (Gängen) ist nicht erforderlich. Für die Rückwärtsfahrt tauscht der Wechselrichter einfach die Abfolge der Wechselströme aus. Dadurch wechselt der Elektromotor seine Drehrichtung. Der Elektromotor ist über ein einfaches Eingang-Getriebe direkt mit dem Differential und den Antriebsrädern verbunden. Das Eingang-Getriebe setzt die hohe Drehzahl des Elektromotors auf die niedrigere Drehzahl der Räder herunter.

Rollt das Fahrzeug aus oder wird es abgebremst, arbeitet der Elektromotor als Generator. Der erzeugte Strom wird in der Batterie gespeichert. Dies nennt man Rekuperation (Wiedergewinnung).

Wie viele batteriebetriebene Geräte – Laptop, Smartphone oder auch das zuvor erwähnte Spielzeug - besitzt ein batterieelektrisches Fahrzeug heute als Antriebsbatterie fast immer eine Lithium-Ionen-Batterie. Allerdings ist sie im Elektroauto um ein Vielfaches größer als in jenen Geräten. Die Chemie in den Batteriezellen ist ebenfalls nicht vergleichbar. Sie ist im batterieelektrischen Fahrzeug auf Langlebigkeit, hohes Speichervermögen und gute Leistungsabgabe optimiert. Wenn bei frühen Elektroautos gewitzelt wurde, dass diese mit 1000 Mobiltelefon-Akkus fahren, so trifft das nur einen kleinen Teil der Realität. Die Abmessungen der Batteriezellen waren die gleichen, aber die Chemie darinnen jedoch eine völlig andere.

Prinzipieller Aufbau und Funktionsweise einer Lithium-Batterie

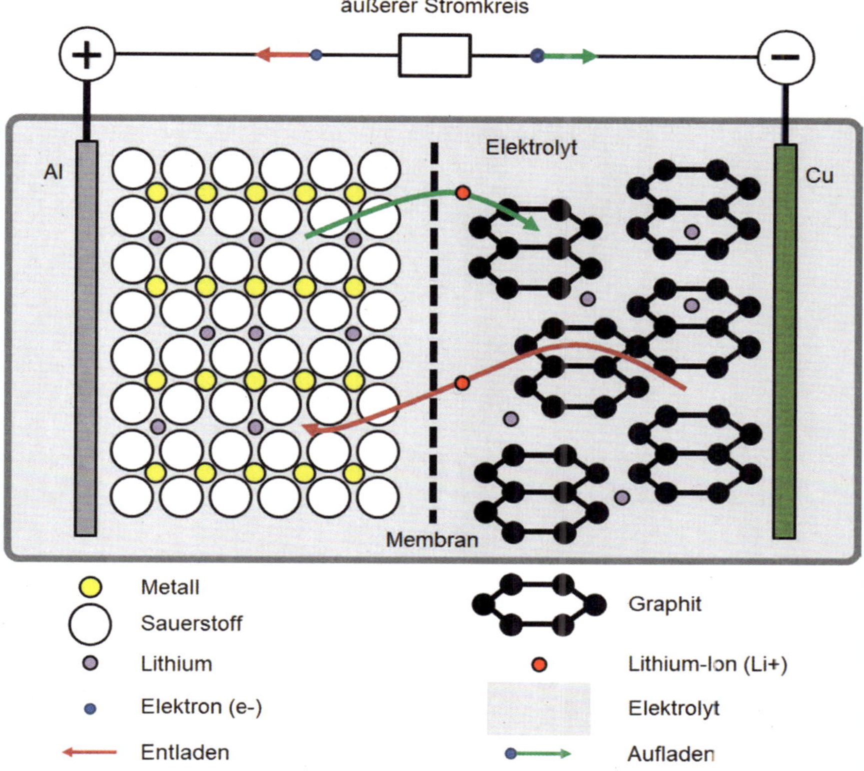

Abb. 18: Prinzip einer Lithium-Ionen-Zelle

Eine Lithium-Ionen-Zelle besteht aus der negativen Elektrode, der Elektrolytmembran und der positiven Elektrode. Die negative Elektrode besteht aus einem Graphitgitter auf einem metallischen Träger, zum Beispiel Kupfer. In das Graphitgitter sind Lithium-Atome eingelagert. Die positive Elektrode besteht aus einem Metalloxid (z.B. Lithium-Cobalt-Oxid, Lithium-Eisen-Mangan-Oxid) oder Lithium-Eisenphosphat, ebenfalls auf einem metallischen Träger, zum Beispiel Aluminium.
Beim Entladen der Lithium-Ionen-Zelle wandert Lithium aus dem Graphit durch die Elektrolyt-Membran zu der Seite mit dem Metalloxid. Die Membran ist jedoch nur für Lithium-Ionen Li^+ durchlässig. Lithium muss also ein Elektron abgeben, das über die äußere Verbindung von der negativen Elektrode zur positiven Elektrode fließt und dabei die gewünschte elektrische Arbeit verrichtet, also das Fahrzeug antreibt.

Beim Laden der Lithium-Ionen-Zelle werden die Elektronen durch die vom Ladegerät angelegte Spannung wieder zur negativen Elektrode befördert; die gleiche Anzahl Lithium-Ionen wandert im Inneren der Zelle durch die Elektrolyt-Membran wieder in das Graphitgitter.

Weil eine Lithium-Ionen-Zelle eine Spannung von ungefähr 4 Volt aufweist, werden etwa 100 Zellen hintereinandergeschaltet (Reihenschaltung), um die typische Spannung von 400 Volt für das Antriebssystem des Fahrzeugs zu erhalten*. Außerdem werden mehrere Anreihungen von Zellen parallelgeschaltet, um die Strombelastung auf mehrere Stränge zu verteilen. Eine solche Anordnung von seriell und parallel geschalteten Zellen nennt man Batterie.

Personenwagen der Kompaktklasse haben etwa 50 Kilowattstunden Batteriekapazität (abgekürzt kWh), Mittel- und Oberklassefahrzeuge mehr, Kleinwagen weniger. 50 kWh entsprechen rund 5 Liter Dieselkraftstoff und reichen für 300 bis 400 km Fahrstrecke.

* Fahrzeuge mit einer Batteriespannung von 800 Volt kommen nun ebenfalls auf den Markt.

Den Lithium-Ionen-Batterien wird häufig eine schnelle Alterung nachgesagt, die Erfahrung mit Spielzeugen und Mobiltelefonen scheint dies zu belegen. Allerdings werden in batterieelektrischen Fahrzeugen folgende Maßnahmen getroffen:

- Die Batterietemperatur wird durch Heizung oder Kühlung im optimalen Bereich um 25 °C gehalten. Wenn dem Fahrzeug die geplante Abfahrtzeit bekannt ist, wird die Batterie auch schon vor Fahrtbeginn temperiert, um sie nicht erst während der Fahrt, also unter Last, in das optimale Temperaturfenster zu bringen.

- Die Batterie wird nie vollständig aufgeladen und nie vollständig entladen. Damit werden die beiden Zustände vermieden, in denen die Zellen besonders schnell altern. Man spricht daher auch von Bruttokapazität und Nettokapazität der Batterie. Die Bruttokapazität ist die elektrische Energiemenge bei einer vollständigen Aufladung von 0 % auf 100 % bzw. einer Entladung von 100 % auf 0 %. Die Nettokapazität ist die elektrische Energiemenge, die unter Vermeidung dieser Extremzustände zur Verfügung steht. Bei einer Aufladung z.B. von 10 % auf 90 % beziehungsweise einer Entladung von 90 % auf 10 % beträgt die Nettokapazität 80 % der Bruttokapazität. Jeder Fahrzeughersteller hat jedoch seine eigene Strategie zur Batterienutzung und die Prozentwerte können variieren. Außerdem wird der nutzbare Bereich in der Instrumentenanzeige mit 0 % und 100 % beschriftet – entgegen der tatsächlichen Prozentwerte. Der Fahrzeugnutzer soll damit erst gar nicht auf die Idee kommen, dass „unter 0 %" oder „über 100 %" noch was ginge. Es gibt Fahrzeughersteller, die eine angepasste Nutzung der Batterie empfehlen. Im Alltag mit eher kurzen Strecken ein Betrieb zwischen 20 % und 70 %, auf Reisen dann die Nutzung des vollen zur Verfügung gestellten Hubs.

Damit kommen heutige Lithium-Batterien auf eine garantierte Laufleistung von 160 000 bis 200 000 Kilometer.[18] Tatsächlich erwartet wird jedoch bis zu einer Million Kilometer.

Dennoch werden Lithium-Batterien mit der Zeit altern. Die verfügbare Kapazität nimmt ab und dadurch sinkt die Reichweite des Fahrzeugs[19]. Als willkürlich festgesetzte Altersgrenze für die Batterie im Auto gilt ein Verlust von 20% der Nennkapazität. Das heißt, die Batterie hat noch 80 % ihrer Anfangskapazität und könnte eigentlich noch weiterverwendet werden.

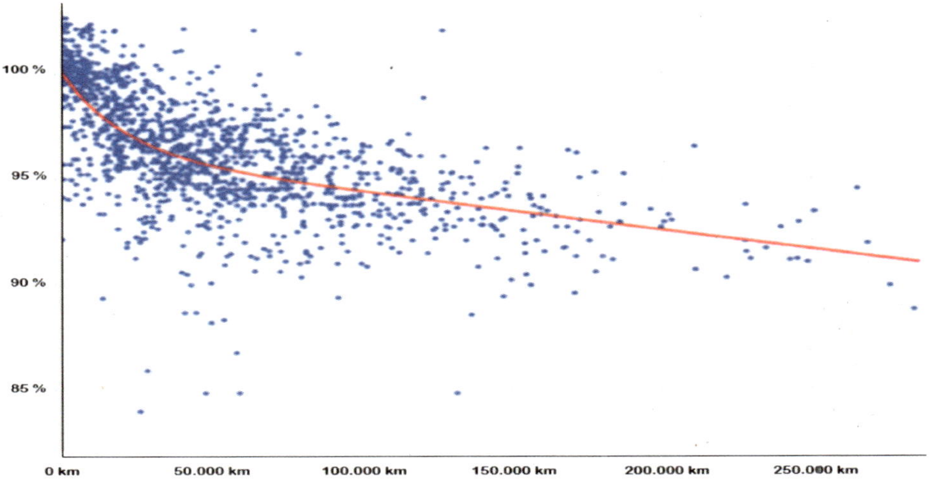

Abb. 19: Tatsächlich verfügbare Kapazität von Lithiumionen-Batterien.[18], © Hoekstra, Steinbuch.
Zu Beginn gibt es einen schnellen Abfall der Kapazität, der sich aber nach etwa 30.000 km verlangsamt. Nach 300.000 km Fahrleistung liegt die verfügbare Kapazität, die die Benutzer berichten, in allen Fällen immer noch über der willkürlich festgelegten Altersgrenze von 80 %.

18 Hoekstra, Steinbuch: Tesla Model S battery degradation data

19 Dies ist so gesehen aber immer noch ein Vorteil. Frühere Batterietypen wie Bleibatterien oder Nickel-Cadmium-Batterien gehen schlagartig kaputt.

Die Kraftfahrzeughersteller wollen dies jedoch ihren Kunden nicht zumuten und schlagen einen Austausch der Batterie vor. Es kann aber auch vorkommen, dass das Fahrzeug selbst gealtert oder verunfallt ist, noch lange bevor die Batterie ihren Grenzwert erreicht hat. Wie auch immer: irgendwann wird sich also der Fahrzeugbesitzer entschließen, entweder die Batterie zu ersetzen oder das Fahrzeug stillzulegen. Dann ist die alte Batterie aber längst noch kein Sondermüll. Sie kann immer noch als stationärer Speicher verwendet werden, zum Beispiel um den Strom aus einer Solaranlage zu speichern. In stationären Anlagen spielt es keine so große Rolle, wenn die Batterie eine reduzierte Kapazität besitzt. Anders als im Auto bestehen hier keine so strengen Platz- und Gewichtsvorgaben, so dass man im Zweifel eine Batterie zusätzlich aufstellt. Erst nach diesem „zweiten Leben" steht das Recycling von Lithium-Batterien an. Dabei werden die Materialien der Gehäuse, der Elektroden und des Elektrolyten getrennt gewonnen, um sie der Produktion neuer Batterien zukommen zu lassen. Die Recyclingquote beträgt 95 %. Es kann also keineswegs davon die Rede sein, dass Batterien als Sondermüll entsorgt werden müssten.

Das Ladegerät, mit dem die Batterie im Alltagsgebrauch wieder aufgeladen wird, befindet sich im Fahrzeug. Es hat meist eine Ladeleistung von 3,7, 7,4 oder 11 Kilowatt (kW). Damit verträgt es sich mit den meisten Hausinstallationen und die Ladeleistung reicht selbst bei einer großen Batterie, um sie über Nacht aufzuladen.

Abb. 20: Aufladen mit einem Standard-Ladekabel (Typ 2). Es wird nur der obere Anschluss genutzt

Abb. 21: Aufladen an einer Schnellladestation (CCS). Es werden beide Anschlüsse genutzt

Wenn schnelles Aufladen während einer weiten Reise gewünscht wird, so haben fast alle Elektroautos (bis auf wenige Kleinstwagen sowie japanische Modelle mit einem abweichenden Standard) zusätzlich den so genannten CCS-Anschluss (Combined Charging System). Beim Schnellladen befindet sich das wesentlich größere und schwerere Ladegerät nicht im Fahrzeug sondern in der Ladestation. Die Ladestation kann die Batterie mit 50, 150 oder gar 350 kW laden. Hier muss man sich mit dem Pausenkaffee schon beeilen, um wieder rechtzeitig zum vollständig geladenen Elektroauto zurückzukehren.

3.2 Brennstoffzellen-Antrieb

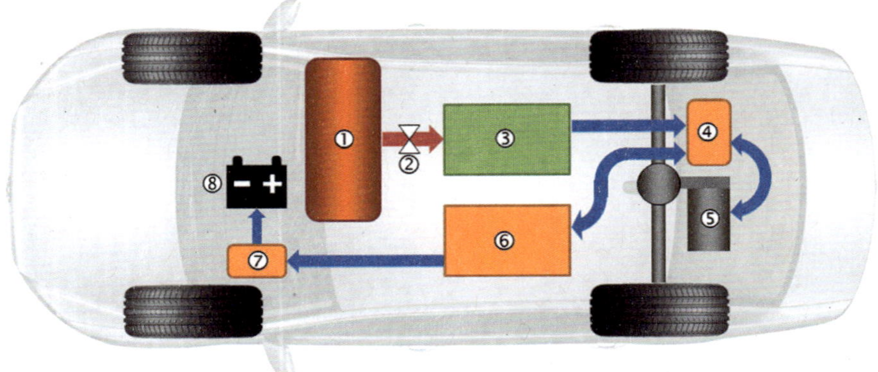

Abb. 22: Prinzip eines Brennstoffzellen-Fahrzeugs

① Gastank

② Gasmengensteuerung

③ Brennstoffzellenstack

④ Wechselrichter

⑤ Elektromotor

⑥ Pufferbatterie

⑦ Gleichstromwandler

⑧ 12-V-Batterie

Ein Brennstoffzellen-Antrieb besteht aus dem mit Wasserstoff gefüllten Gastank, dem Brennstoffzellen-Stack, häufig einer Lithium-Batterie, dem Wechselrichter und dem Elektromotor. Hauptenergielieferant ist die Brennstoffzelle. Durch Zufuhr von Wasserstoff aus dem Tank und Sauerstoff aus der Umgebungsluft, findet eine kalte Verbindung von Wasserstoff und Sauerstoff zu Wasser statt. In der Brennstoffzelle sind die Gasräume von Wasserstoff und Sauerstoff durch eine dünne Membran getrennt. Der Wasserstoff kann die Membran passieren, jedoch nur wenn er sein Elektron abstreift, also als Wasserstoff-Ion. Das Elektron muss dagegen den Weg über die Elektroden und den äußeren Stromkreis nehmen, wo es als nutzbarer Strom auftritt.

Prinzipieller Aufbau und Funktionsweise der Brennstoffzelle

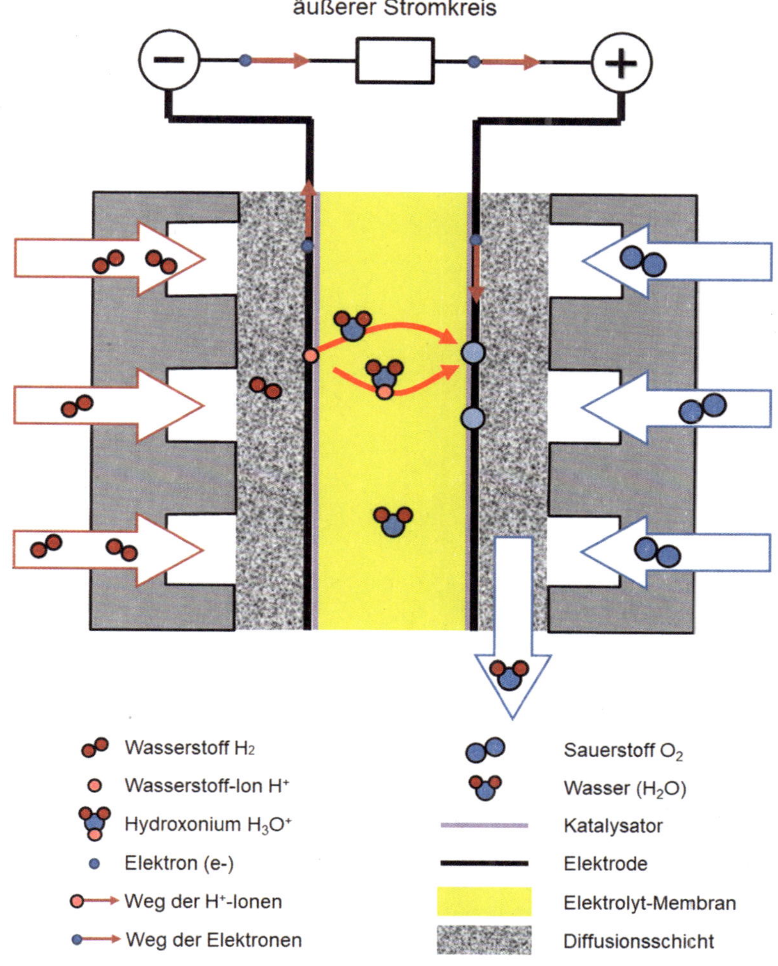

Abb. 23: Prinzip einer Brennstoffzelle

Eine Brennstoffzelle besteht aus der negativen Elektrode (Anode), der Elektrolytmembran und der positiven Elektrode (Kathode). Anode und Kathode sind entweder gasdurchlässig, was man mit einem Kohlenstofffilz erreicht, oder es sind Gaskanäle eingefräst oder eingeprägt. An der Anode wird Wasserstoff zugeführt, an der Kathode gefilterte Umgebungsluft, die entsprechend der natürlichen Zusammensetzung der Luft 21 % Sauerstoff enthält. Außerdem sind die Elektroden mit einem Katalysator beschichtet (meist Platin oder Palladium), der die Zerlegung der Gasmoleküle in Ionen fördert.

An der Anode wird Wasserstoff H_2 in zwei Wasserstoffionen H^+ und zwei Elektronen e^- aufgebrochen. Ein freies Wasserstoffion, dies wäre ein Proton, gibt es jedoch in flüssiger Umgebung nicht. Vielmehr verbindet sich das Wasserstoffion mit einem Wassermolekül H_2O zu Oxonium H_3O^+.

$$H_2 + 2\,H_2O \rightarrow 2\,H_3O^+ + 2\,e^-$$

Das Proton wandert nun durch die Elektrolytmembran, indem es von Wassermolekül zu Wassermolekül springt und jeweils Oxonium bildet. Die Elektronen wandern durch den äußeren Stromkreis und verrichten dort die elektrische Arbeit, treiben also letztlich das Fahrzeug an.

An der Kathode werden die Elektronen vom Sauerstoff aufgenommen und bilden Sauerstoffionen O^-.

$$O_2 + 2\,e^- \rightarrow 2\,O^-$$

Die Sauerstoffionen verbinden sich mit dem durch die Membran kommenden Oxonium und bilden Wasser. Fasst man die Reaktionsgleichungen zusammen und lässt die Zwischenschritte weg, so erhält man die Summengleichung:

$$2\,H_2 + O_2 \rightarrow 2\,H_2O$$

Also Wasserstoff und Sauerstoff ergeben Wasser.

Weil eine einzelne Brennstoffzelle nur eine Spannung von knapp 1 Volt aufweist, werden etwa 400 Brennstoffzellen hintereinandergeschaltet, um die typische Arbeitsspannung eines Fahrzeugantriebs zu erhalten. Diese Reihenschaltung wird als Stack bezeichnet.

Wasserdampf entsteht als „Abgas" an der Kathode. Wasser muss teilweise wieder in den Anodenraum transportiert werden, damit dort erneut Oxonium entstehen kann (siehe Kasten oben). Außerdem muss die Membran feucht gehalten werden. Andererseits muss beim Abstellen des Fahrzeugs die Brennstoffzelle trocken geblasen werden, damit sie bei tiefen Temperaturen nicht vereist.

Die Stromabgabe der Brennstoffzelle kann man mit den Gasmengen (Wasserstoff und Luft) steuern. Allerdings kann durch „Gasgeben" keine Dynamik erreicht werden, wie sie der heutige Straßenverkehr erfordert. Deshalb ist parallel zu der Brennstoffzelle eine Lithiumbatterie geschaltet. Daraus können kurzzeitig hohe Strommengen bezogen werden. In ruhigen Fahrsituationen wird die Lithiumbatterie wieder aufgeladen, außerdem durch Rekuperation beim Bremsen oder Ausrollen.

Der Elektromotor und seine Ansteuerung ähneln vollkommen jenen eines batterieelektrischen Fahrzeugs.

3.3 Eigenschaften von Wasserstoff

Wasserstoff ist das kleinste und leichteste Molekül, das es gibt. Bei der Verbindung von Wasserstoff und Sauerstoff zu Wasser werden sehr große Energiemengen freigesetzt. Ein Kilogramm Wasserstoff hat etwa die gleiche Energiemenge wie drei Kilogramm Benzin (33 kWh pro Kilogramm Wasserstoff). Allerdings ist Wasserstoff ein sehr leichtes Gas. Ein Kubikmeter (= 1000 Liter) Wasserstoff unter normalen Druck- und Temperaturbedingen hat deshalb nur so viel Energie wie 0,34 Liter Benzin. Wasserstoff muss also verdichtet werden, damit der Tank für eine vernünftige Reichweite des Fahrzeugs nicht riesengroß wird. Dazu gibt es zwei Methoden:

- Man kühlt den Wasserstoff auf -250 °C ab, sodass man flüssigen Wasserstoff erhält. Ein Liter flüssiger Wasserstoff entspricht dann 0,27 l Benzin. Allerdings muss man den Flüssigwasserstoff in einer Art „Thermoskanne" vor Erwärmung schützen. Selbst dann findet immer noch eine geringe Erwärmung statt. Wasserstoff verdampft, der Druck im Tank steigt und aus Sicherheitsgründen muss der Wasserstoff abgeblasen werden. Nach einer mehrwöchigen Standzeit des Fahrzeugs ist der Wasserstofftank weitgehend leer. Aus diesen Gründen verfolgt man diese Alternative nicht mehr weiter.

- Man verdichtet den Wasserstoff auf 700 bar (etwa das Siebenhundertfache des normalen Luftdrucks). Nun reicht eine realisierbare Tankgröße, um ausreichend Wasserstoff zu speichern. Mit einem Volumen von rund 150 Liter (im Pkw) ist er aber immer noch größer als ein Benzin- oder Dieseltank mit typisch 50 Liter Fassungsvermögen. Ein solcher Wasserstofftank fasst mehr als 6 kg Wasserstoff bei 700 bar. Hinsichtlich des Energiegehalts entspricht dies etwa 18 Liter Benzin, was für mehr als 500 Kilometer Reichweite genügt.

Beim Betanken eines Brennstoffzellenfahrzeugs wird der Tankrüssel der Tankstelle gasdicht mit dem Tankanschluss des Fahrzeugs verbunden. Außerdem wird eine sichere elektrische Verbindung hergestellt, um etwaige elektrostatische Aufladungen des Fahrzeugs abzuleiten.[20] Wenn Zapfsäule und Fahrzeug übereinstimmend festgestellt haben, dass alles in Ordnung ist, werden sowohl im Fahrzeug als auch in der Zapfsäule Ventile geöffnet, so dass das Wasserstoffgas von der Zapfsäule in das Fahrzeug strömen kann.

---

20 Beim Luftschiff Hindenburg wurde die Wasserstoff-Gasfüllung durch eine elektrostatische Entladung zwischen Ankermast und Metallgerippe des Luftschiffs entzündet, was zu der bekannten Katastrophe führte.

Das Wasserstoffgas steht in der Zapfsäule mit 700 bar zur Verfügung. Außerdem ist es auf -40 °C heruntergekühlt. Beim Einströmen in den Fahrzeugtank steigt nämlich der Druck und damit die Temperatur des Gases; ohne Vorkühlung würde der Fahrzeugtank Schaden nehmen.

Der Fahrzeugtank besteht aus einem Verbundmaterial, das einerseits ausreichend gasdicht ist und andererseits den hohen Druck von 700 bar aushält. Außerdem darf der Tank nicht zu schwer werden. Die Tanks haben meist eine zylindrische Form, weil diese Form am besten dem hohen Druck des Gases standhält. Der Durchmesser des Tanks ist jedoch begrenzt, damit darüber Sitze oder Kofferraum Platz finden können. Deshalb werden meist mehrere Tankzylinder verbaut.

Neben den beschriebenen Methoden kann man Wasserstoff auch in festen Substanzen wie Metallhydriten speichern. Diese Materialien können bei niedriger Temperatur enorme Mengen an Wasserstoff aufnehmen und beim Erwärmen wieder abgeben. Die Wasserstoffdichte übersteigt dabei sogar jene von Flüssigwasserstoff! Allerdings ist ein Tank mit Metallhydrid sehr schwer. Solche Tanks werden deshalb nur dort verwendet wo das hohe Speichergewicht keine große Rolle spielt, etwa auf U-Booten. Für Fahrzeuge werden heute ausschließlich Drucktanks verwendet.

3.4 Woher kommt der Wasserstoff?

Wasserstoff H ist das häufigste Element im Universum. Er kommt jedoch in elementarer Form nur in Sternatmosphären vor, nicht jedoch unter „gemäßigten" Temperaturen auf der Erde. Wasserstoff ist in erster Linie in Wasser H_2O gebunden sowie in allen organischen Substanzen. Wenn man Wasserstoff gewinnen will, muss man Energie zuführen, um die Bindungsenergie aufzuheben. So kann man z.B. durch Stromzufuhr Wasser H_2O in seine Bestandteile Wasserstoff H und Sauerstoff O zerlegen; dies nennt man Elektrolyse[21]. Eine solche Apparatur wird als Elektrolyseur bezeichnet; Sie kennen sie vielleicht aus dem Chemieunterricht. Derzeit sind allerdings Elektrolyseure in industriellem Maßstab in Erprobung beziehungsweise im Bau.

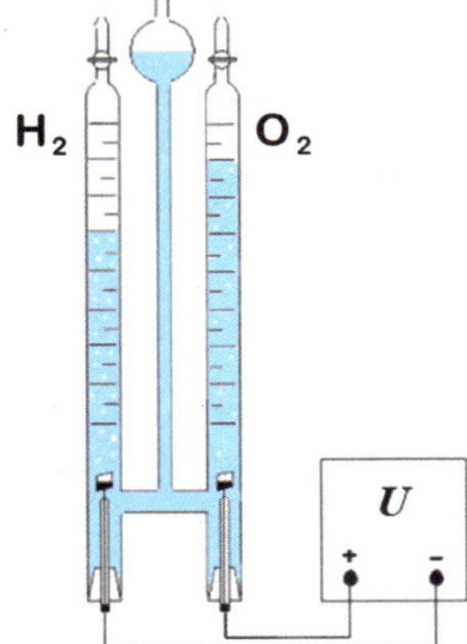

Abb. 24: Elektrolyseur im Chemieunterricht

Abb. 25: Industrieller Elektrolyseur, © Audi AG

21 Wikipedia „Wasserelektrolyse"

Die Elektroden (Kathode und Anode) tauchen in Wasser ein. Sie sind durch eine Membran getrennt, die für positiv geladene Wasserstoffionen durchlässig ist. Durch Zusatz einer Säure, wie Schwefelsäure, oder einer Lauge, wie Kalilauge, wird das Wasser für den elektrischen Strom leitfähig. Die Spaltung des Wassers gelingt auch, wenn neutrale Salze wie Natriumsulfat verwendet werden. Ungeeignet sind jedoch Salzsäure oder Natriumchlorid (Kochsalz), da in diesem Fall Chlor statt des Wasserstoffs an der Kathode gebildet wird.
In der sauren Elektrolyse laufen folgende Reaktionen ab:

Anode: $2\ H_2O \rightarrow 4\ H^+ + 4\ e^- + O_2$

Zwei Wassermoleküle werden in vier Wasserstoffionen, vier Elektronen und ein Sauerstoff-Molekül zerlegt. Die Wasserstoffionen wandern durch die Membran in den Kathodenraum. Die Elektronen fließen durch den äußeren Stromkreis. Der Sauerstoff wird aufgefangen.

Kathode: $4\ H^+ + 4\ e^- \rightarrow 2\ H_2$

Vier Wasserstoffionen verbinden sich mit vier Elektronen aus dem äußeren Stromkreis und bilden zwei Moleküle Wasserstoff. Der Wasserstoff wird aufgefangen.

Wasserstoff wird jedoch heute noch überwiegend aus Erdgas gewonnen. Dies besteht zum größten Anteil aus Methan CH_4.

Die Dampfreformierung[22] ist das zurzeit bedeutendste großindustrielle Verfahren zur Herstellung von Wasserstoff aus kohlenstoffhaltigen Energieträgern und Wasserdampf. Erdgas ist derzeit der wichtigste Rohstoff, prinzipiell eignen sich viele Kohlenwasserstoffe wie Leichtbenzin, Methanol, Biogas oder Biomasse als Ausgangsmaterial. Die folgende Reaktionsgleichung bezieht sich auf Methan CH_4, also Erdgas, aber auch Biogas:

$$CH_4 + H_2O \rightarrow CO + 3\ H_2$$

Zur Steigerung der Ausbeute wird das Kohlenmonoxid CO in einer weiteren Reaktion zu Kohlendioxid und weiterem Wasserstoff umgewandelt:

$$CO + H_2O \rightarrow CO_2 + H_2$$

Der Wirkungsgrad der Umwandlung von Erdgas zu Wasserstoff liegt bei ca. 60 bis 70 %.

Im Labormaßstab laufen außerdem Versuche, Wasserstoff durch Photosynthese mit Hilfe von Algen oder Bakterien zu erzeugen; diese sind jedoch noch weit von einer industriellen Umsetzung entfernt.

22 Wikipedia „Dampfreformierung“

3.5 Elektrischer Antrieb

In beiden bislang genannten Fällen, batterieelektrischer Antrieb und Brennstoffzellenantrieb, handelt es sich jeweils um einen elektrischen Antrieb – beides sind also „Elektroautos". Zur genaueren Differenzierung sollte man also von einem batterieelektrischen Auto (BEV – battery electric vehicle) oder Brennstoffzellenauto (FCV – fuel cell vehicle) sprechen. Die Elektromotoren in beiden Arten von Fahrzeugen besitzen eine Reihe von Vorteilen:

- Elektromotoren entwickeln ein hohes Drehmoment. Es ist am größten, wenn im Stillstand des Motors Strom angelegt wird. Daraus resultieren ein sehr spontanes Ansprechverhalten und eine vehemente Beschleunigung.

- Elektromotoren verfügen über eine hohe Leistung. In den Zulassungspapieren des Fahrzeugs ist die Dauerleistung des Elektromotors angegeben; dies ist die Leistung, die der Elektromotor dauerhaft abgeben kann, ohne zu überhitzen. Darüber hinaus verfügen Elektromotoren eine Spitzenleistung, die oft ein Mehrfaches der Dauerleistung beträgt und für kurze Zeit abgerufen werden kann, z.B. für einen Überholvorgang.

- Elektromotoren arbeiten in einem weiten Drehzahlbereich. Auf eine Kupplung und ein Schalt- oder Automatikgetriebe mit verschiedenen Übersetzungen (Gängen) kann verzichtet werden. Lediglich eine feste Übersetzung von der hohen Motordrehzahl auf die niedrigere Raddrehzahl ist erforderlich. Für die Rückwärtsfahrt wird der Elektromotor umgepolt.

- Elektromotoren sind leise.

- Elektromotoren sind einfach aufgebaut, robust und langlebig.

- Elektromotoren können beim Verlangsamen, beim Bremsen oder bei einer Fahrt im Gefälle als Generator betrieben werden. Die gewünschte Bremswirkung dient der Stromerzeugung. Der Strom kann in der Batterie gespeichert werden.

- Falls ein Allradantrieb für das Fahrzeug vorgesehen ist, werden zwei getrennte Elektromotoren verwendet, einer an der Vorderachse, einer an der Hinterachse. Eine mechanische Kopplung mit Kardanwelle und Längsdifferenzial ist nicht erforderlich. Die beiden Motoren werden elektronisch abgestimmt. Die Leistungsabgabe der beiden Motoren kann variiert werden, z.B. auf schwierigem Untergrund, oder beim Anfahren mehr Leistung an der Hinterachse, beim gleichmäßigen Dahinrollen und bei der Rekuperation mehr Leistung an der Vorderachse.

- Derzeit (2020) entstehen Fahrzeuge, die sogar drei Motoren besitzen: einen an der Vorderachse, je einen an der rechten und linken Halbachse hinten. Ein Differential an der Hinterachse kann entfallen. Aufgrund des Lenkwinkels können die Drehzahlunterschiede elektronisch berücksichtigt werden.

Die Elektromotoren in Elektroautos sind durchwegs Drehstrommotoren. Allen Bauarten des Drehstrommotors ist gemeinsam, dass im feststehenden Teil des Motors, dem Stator, sich drei Spulensysteme befinden, die mit den drei Phasen des Drehstroms angesteuert werden. In einer Momentaufnahme sieht man abwechselnd magnetische Nord- und Südpole. Deren Muster wandert jedoch im Kreis – umso schneller, je höher die Frequenz des Drehstroms ist. Die Unterschiede der Bauarten zeigen sich im drehenden Teil des Motors, dem Rotor.

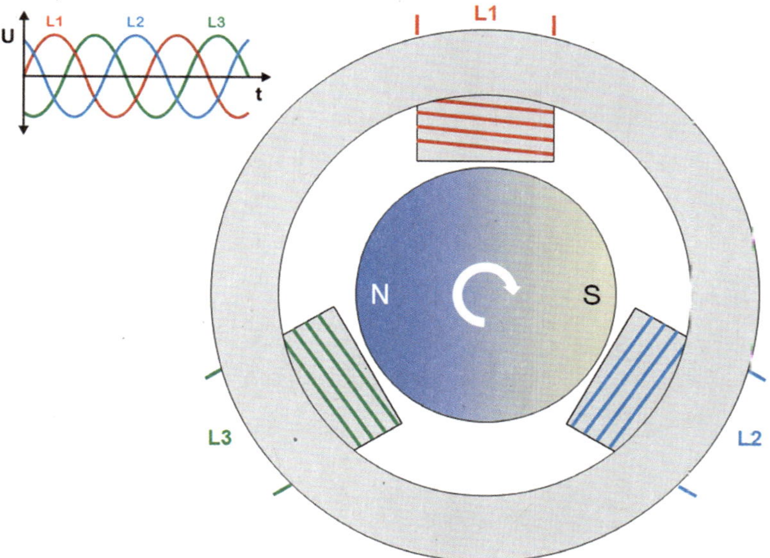

Abb. 26: Stark vereinfachte Darstellung eines Drehstrommotors. Der Stator enthält in Wirklichkeit mehrere Spulenpakete, die mit den Phasen L1, L2 und L3 des Drehstroms angesteuert werden. Die Spulen folgen jedoch immer der Abfolge L1, L2, L3, L1 usw. Der Rotor enthält ebenfalls mehre Magnetpole in der Abfolge N, S, N, S, N usw.

Bislang werden vier Typen von Drehstrommotoren eingesetzt:

Permanenterregter Synchronmotor (die meisten Elektroautos, z.B.: Hyundai IONIQ, Nissan Leaf, Porsche Taycan, smart BR 451, VW ID.3): Bei diesem Drehstrommotor besitzt der Rotor Dauermagnete (Permanentmagnete). Aufgrund der magnetischen Wechselwirkung (verschiedennamige Pole ziehen sich an, gleichnamige Pole stoßen sich ab) wird der Rotor von dem drehenden Magnetfeld des Stators mitgenommen. Der Rotor läuft synchron mit dem Drehfeld.

Vorteil:
- Dem Rotor muss für die Bildung seines Magnetfelds kein Strom zugeführt werden.

Nachteile:
- Die Magnetstärke der Permanentmagnete ist begrenzt.
- Zu deren Herstellung werden Metalle aus der Gruppe der Seltenen Erden benötigt.

Fremderregter Synchronmotor (Renault Zoë, Twingo, smart BR 453): Beim Fremderregten Synchronmotor liegt der gleiche Aufbau wie beim Permanenterregten Synchronmotor vor, allerdings sind die Permanentmagnete durch Magnetspulen ersetzt.

Vorteil:
- Die geringe Bremswirkung (wie beim Permanentmagnetmotor) bei abgeschaltetem Motor entfällt, das Fahrzeug kann besser ausrollen, Verbrauchsvorteil.

Nachteil:
- Strom muss über Schleifringe den Magnetspulen im Rotor zugeführt werden. Dies führt auf lange Sicht zum Verschleiß des Motors.

Reluktanzmotor (bislang nur als Mischform von Permanentmagnetmotor und Reluktanzmotor, z.B. BMW i3, Tesla Model 3):
Im Rotor eines Reluktanzmotors sind Eisenpole verbaut, die das Magnetfeld zwischen benachbarten Polen des Stators aufnehmen (wie ein Nagel zwischen den beiden Polen eines Hufeisenmagneten). Dreht sich das Magnetfeld des Stators, werden die Eisenpole, also der Rotor mitgenommen.

Vorteil:
- Keine Stromzufuhr zum Rotor erforderlich, kein Verschleiß von Schleifringen.
- Keine exotischen Materialien erforderlich.

Nachteil:
- Geringeres Drehmoment als die anderen Synchronmotoren, was jedoch durch den besseren Wirkungsgrad kompensiert wird.

Asynchronmotor (Audi E-Tron, Mercedes EQC, Tesla Model S, X)
Der Asynchronmotor enthält einen Rotor, der aus Leiterschleifen aufgebaut ist. Dreht sich das Magnetfeld des Stators, so induziert es Ströme in die Leiterschleifen. Diese erzeugen eigene Magnetfelder, die wiederum mit den Magnetfeldern des Stators wechselwirken. Der Rotor des Asynchronmotor dreht immer langsamer als das Magnetfeld des Stators, und zwar umso langsamer, je höher die Belastung ist.

Vorteile:
- Keine Stromzufuhr zum Rotor erforderlich, kein Verschleiß von Schleifringen.
- Kein Bremsmoment bei nicht angesteuertem Motor, Verbrauchsvorteil.
- Deutlich höhere Spitzenleistung als Dauerleistung, deshalb für spurtstarke Elektroautos.

Nachteil:
- Schlechterer Wirkungsgrad als Synchronmotoren.

3.6 Verbrennungsmotor mit synthetischem Kraftstoff

Der Antriebsstrang mit einem Verbrennungsmotor stellt eine hochkomplexe Maschine dar und besteht aus viel mehr Komponenten als etwa der batterieelektrische Antrieb oder der Brennstoffzellenantrieb. Dabei darf man nicht nur den Verbrennungsmotor selbst mit Kurbelwelle, Pleuel und Kolben, Nockenwelle und Ventilen sehen, sondern vor allen Dingen die gesamte Peripherie des Verbrennungsmotors. Da ist einerseits die Kraftstoffversorgung mit Kraftstoffpumpe und Einspritzventilen, andererseits die Luftversorgung mit Turbolader, Ladeluftkühler und gegebenenfalls Abgasrückführung vorgeschaltet. Nachgeschaltet ist die Abgasnachbehandlung mit mehreren Gassensoren und Katalysatoren sowie dem Schalldämpfer. Verbrennungsmotoren können nicht aus dem Stillstand starten, sondern benötigen einen Starter, der sie auf Leerlaufdrehzahl bringt. Ihr nutzbares Drehmomentband ist recht schmal, so dass ein Wechselgetriebe (Handschaltgetriebe oder Automatikgetriebe) erforderlich ist, um das Fahrzeug in einem weiten Geschwindigkeitsbereich betreiben zu können. Zum Starten und zum Gangwechsel sind jeweils noch eine oder mehrere Kupplungen vonnöten.

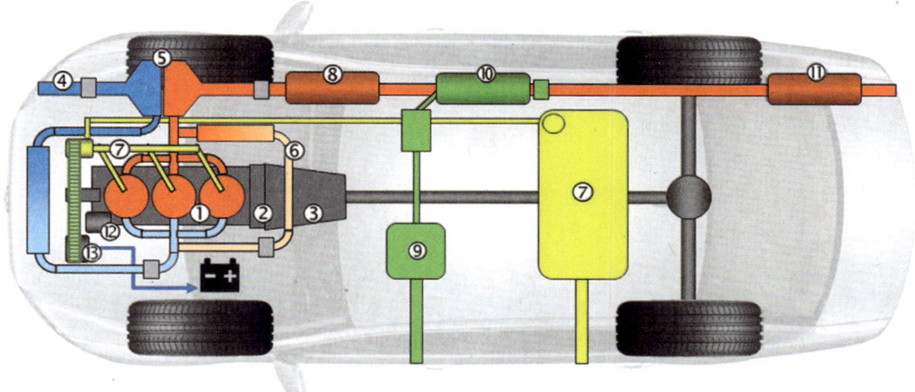

Abb. 27: Beispiel eines Fahrzeugs mit Dieselmotor

① Verbrennungsmotor

② Kupplung

③ Wechselgetriebe

④ Luftversorgung mit Luftmassenmesser, Ladeluftkühler, Drosselklappe

⑤ Turbolader

⑥ Abgasrückführung mit Abgasrückführkühler, Abgasrückführsteller

⑦ Kraftstoffsystem mit Kraftstofftank, Kraftstoffpumpe, Hochdruckpumpe, Common Rail und Einspritzventilen

⑧ Abgasablage mit Abgastemperatursensor, Partikelfilter samt Oxidationskatalysator

⑨ Harnstofftank (AdBlue®), Harnstoffeindüsung

⑩ Stickoxidkatalysator (SCR) und Stickoxidsensor

⑪ Endschalldämpfer

⑫ Startanlage

⑬ Generator und 12-V-Bordnetz

Die Komplexität eines modernen verbrennungsmotorischen Antriebs ist enorm. Der ökologische, politische und wirtschaftliche Druck, den Kraftstoffverbrauch zu senken, die Leistung zu steigern und die Abgase zu reinigen, hat zu einem System mit mehreren Untersystemen geführt. Ältere erinnern sich vielleicht noch an die Zeiten, als man mit einer oder zwei Stellschrauben am Vergaser den Motorbetrieb einstellen konnte. Diese Zeiten sind im Automobilbau längst vorbei. Allerdings wurde die Technik der Verbrennungsmotoren im Laufe der Jahre stets verfeinert und die Produktionsmethoden optimiert, so dass die Komplexität heute als selbstverständlich wahrgenommen wird. Dies wird offensichtlich, wenn man als Fahrer eines Elektroautos nach dem Leerlauf gefragt wird (läuft der schon?) oder nach der Anzahl der Gänge.

In Verbrennungsmotoren können verschiedene Kraftstoffe verwendet werden. So kann ein Ottomotor mit Benzin, Alkohol, Flüssiggas oder Erdgas und Biogas[23] betrieben werden, ja sogar ein Betrieb mit Wasserstoff ist möglich (wenn auch nicht sinnvoll). Ein Dieselmotor kann mit Dieselkraftstoff, Pflanzenöl oder Biodiesel (veresthertes Pflanzenöl) betrieben werden. Die Grundzüge der Motorentechnik bleiben im Wesentlichen unverändert. Lediglich die peripheren Komponenten und die Steuerung des Motors werden an den Kraftstoff angepasst. So ist es nicht verwunderlich, dass für Verbrennungsmotoren auch synthetische Kraftstoffe hergestellt werden können, und dies gegebenenfalls auch klimaneutral.

Um synthetischen Kraftstoff klimaneutral herzustellen benötigt man elektrische Energie aus regenerativen Quellen, Wasser und Kohlendioxid. Letzteres könnte aus einem anderen industriellen Prozess aufgefangen werden (z.B. der Zementherstellung) oder aus der Luft herausgefiltert werden. In einem ersten Schritt wird mit Hilfe elektrischer Energie in einem Elektrolyseur Wasser in die Bestandteile Wasserstoff und Sauerstoff zerlegt. Dieser Schritt wurde bereits zuvor beschrieben. Im nächsten Schritt werden Wasserstoff und Kohlendioxid nach dem PtL-Verfahren[24] (Power-to-Liquid, eine Abwandlung des Fischer-Tropsch-Verfahrens) zu verschiedenen Kohlenwasserstoffen verbunden. Optimalerweise finden dabei die Elektrolyse und das PtL-Verfahren benachbart statt, weil die Abwärme aus dem PtL-Verfahren in weiteren Prozessschritte wiederverwendet wird, z.B. zur Aufheizung des Elektrolyseurs oder um das in Absorbern gesammelte CO_2 aus dem Absorbermaterial auszutreiben.

23 Erdgas und Biogas bestehen beide zum weitaus überwiegenden Teil aus Methan CH_4.
24 Wikipedia „E-Fuel“

Synthetische Kraftstoffe können durch die Steuerung des PtL-Prozesses maßgeschneidert werden, besser als derzeit fossile Kraftstoffe im Raffinerieprozess. Deshalb könnte sogar eine geringfügig verbesserte Effizienz des Verbrennungsmotors erzielt werden und die Abgasreinigung vereinfacht werden. Prinzipiell bleiben aber die Nachteile des Verbrennungsmotors erhalten, das heißt es können bei der Verbrennung Luftschadstoffe wie z.B. Stickoxide und Feinstaub entstehen.

4. Heutige CO_2-Bilanz

4.1 Verbrauchsmessung

Sie haben den prinzipiellen Aufbau eines batterieelektrischen Fahrzeugs, eines Brennstoffzellenfahrzeugs und eines Fahrzeugs mit Verbrennungsmotor kennengelernt. Außerdem wurde kurz angerissen, wie für eine emissionsfreie Zukunft der Kraftstoff künftig hergestellt wird (Näheres folgt im Kapitel 6). Betrachten Sie aber zunächst mal die Situation hier und heute. Mit welchem CO_2-Ausstoß muss bei einem batterieelektrischen Auto, bei einem Brennstoffzellenfahrzeug und beim heute weit verbreiteten Auto mit Verbrennungsmotor gerechnet werden?

Behalten Sie in Erinnerung: Der Strom wird heute immer noch zu einem großen Teil in Kohlekraftwerken erzeugt, Wasserstoff wird überwiegend aus Erdgas hergestellt und die klassischen Kraftstoffe zum größten Teil aus Erdöl. Also wird beim Betrieb der Fahrzeuge direkt oder indirekt CO_2 emittiert.

Der Verbrauch der Fahrzeuge – Strom, Wasserstoff, Benzin oder Diesel – variiert natürlich in einem weiten Bereich, abhängig von der Größe des Fahrzeugs, der Fahrweise des Fahrers, Umwelteinflüssen und so weiter. Um einen Teil der Unsicherheiten auszuschließen und eine bessere Vergleichbarkeit herzustellen, gibt es die so genannten Normverbräuche. Diese werden auf dem Prüfstand ermittelt. Das Fahrzeug wird gestartet, „fährt" einen festgelegten Zyklus, wobei der Verbrauch aufgezeichnet wird. Weil Fahrtwind auf dem Prüfstand nicht vorhanden ist (und insbesondere bei höheren Geschwindigkeiten einen großen Teil des Verbrauchs verursacht), wird dessen Anteil getrennt ermittelt. Das Fahrzeug wird auf einer Prüfstrecke auf eine vorgeschriebene Geschwindigkeit gebracht und dann antriebslos ausrollen gelassen. Aus der Länge der Rollstrecke kann unter anderem der Luftwiderstand errechnet und mit den Daten vom Prüfstand zusammengeführt werden.

Der Verbrauch, der nun herauskommt gilt als Normwert. Er ist in der Regel deutlich niedriger als der Verbrauch in der Praxis. Ein Fahrzeug im Straßenverkehr wird eben auch unter ungünstigen Umständen betrieben, zum Beispiel mit größerer Beladung, bei Regen, Kälte oder Schnee. Vor allen Dingen wird es nicht so „zahm" gefahren wie im Testablauf. In der Praxis wird stärker beschleunigt, Ausrollen ist nicht immer möglich, sondern es muss gebremst werden. Die Schere zwischen

Normverbrauch und Praxisverbrauch klaffte in den letzten Jahren immer weiter auseinander und betrug bis zu 39 %[25]. Um den Normverbrauch wieder praxisnäher angeben zu können, wurde in Europa der unrealistische Prüfzyklus NEFZ (Neuer europäischer Fahrzyklus bzw. NEDC – New european driving cycle) durch den realistischeren Zyklus WLTP (Worldwide harmonized Light vehicles Test Procedure)[26] abgelöst.

Für jeden Hersteller ist es vorteilhaft, wenn sein Fahrzeug einen möglichst niedrigen Verbrauch aufweist. Die Verbrauchsangabe fließt in die Kundenentscheidung ein, sie hat auch Auswirkungen auf die zu entrichtende Kraftfahrzeugsteuer und sie bestimmt letztlich auch die Berechnung der CO_2-Strafen (oder -Gutschriften) des Fahrzeugherstellers. Deshalb gibt es nach wie vor mehrere Mittel[25], um den Normverbrauch des Fahrzeugs möglichst niedrig zu halten:

- Die Fahrzeuge werden in der Basisversion, also mit minimalem Zusatzgewicht, getestet.
- Zusätzliche Gewichte wie Reserverad, Wagenheber usw. werden entfernt.
- Beim Test werden Hochleistungsschmierstoffe verwendet, die normalerweise kein Ölwechselintervall durchstehen würden.
- Die Batterie wird vor dem Test voll aufgeladen, so dass während des Tests der Generator die Batterie nicht aufladen muss.

Die größten Hebel hat der Hersteller beim Ausrollversuch:

- Es werden besonders gute Fahrzeuge aus der Produktion ausgesucht und diese sorgfältig eingefahren.
- Es werden rollwiderstandsoptimierte Reifen der kleinsten und schmalsten Reifengröße montiert, die für das Fahrzeug zugelassen ist. Außerdem werden die Reifen abgeschliffen, so dass sie nur die Mindestprofiltiefe von 1,6 mm aufweisen.
- Der Reifenluftdruck wird auf den höchsten Wert eingestellt, der für das Fahrzeug zugelassen ist.

---

25 Deutsche Umwelthilfe „Spritverbrauch“
26 Wikipedia „Fahrzyklus“

- Die Bremsbacken der Scheibenbremsen werden von Hand auseinandergedrückt, sodass sie während des Tests nicht an der Bremsscheibe schleifen.

- Die Spureinstellung wird in den erlaubten Grenzen verändert, so dass der Rollwiderstand gesenkt wird. Im Alltag wäre mit dieser Einstellung das Handling des Fahrzeugs sehr erschwert.

- Die Karosseriespalte und der Kühlergrill werden mit Klebeband abgeklebt.

- Die Teststrecke besitzt einen besonders glatten Fahrbahnbelag. Sie befindet sich häufig in Gebirgslagen mit höherer Temperatur, wo die Luft „dünner" ist.

- Nach Abschluss aller Messungen darf nochmals um bis zu 4 % wegen der Toleranzen der Messverfahren abgezogen werden.

Traurige Berühmtheit erlangte die Prüfstandserkennung. Erkennt die Motorsteuerung einen Testdurchlauf (z. B. an fehlenden Lenkbewegungen), schaltet sie in einen besonders sparsamen Betrieb, der im Alltag nicht tauglich wäre. Diese Methoden sind illegal und wurden gerichtlich sanktioniert.[27]

Diese Vorbemerkung zur Einschätzung der nachfolgend angegebenen Verbräuche. Im folgenden Vergleich werden die WLTP-Normwerte gegenübergestellt. Die WLTP-Werte sind jedoch von der Ausstattung des Fahrzeugs abhängig, z.B. Klimaanlage oder Dachreling. Der Hersteller nimmt die durchschnittliche Ausstattung und rechnet die WLTP-Werte in NEFZ-Werte zurück. So gelingt es einen einheitlichen Wert für ein Fahrzeugmodell anzugeben.

Daneben berichten Autofahrer die Verbrauchswerte ihrer Fahrzeuge im Portal Spritmonitor[28]. Diese Werte sind wohl praxisnäher, stellen aber auch keine Erhebung über alle Fahrzeuge dar. Die Teilnehmer des Portals sind schließlich Personen, die sich intensiv mit ihren Fahrzeugen auseinandersetzen und sind deshalb nicht repräsentativ für alle Fahrer. Ein punktueller Vergleich der Spritmonitor-Werte mit den Herstellerwerten zeigt, dass in der Praxis die Verbräuche 10 % bis 15 % höher sind als die Normwerte. Dies sollten Sie bei den nachfolgend genannten CO_2-Angaben im Auge behalten.

27 Wikipedia „Abgasskandal"
28 www.spritmonitor.de

4.2 Fahrzeugauswahl

Wenn Sie sich für ein neues Auto entscheiden, berücksichtigen Sie viele Aspekte: Welche Karosserieform kommt in Betracht? Wie viele Sitze soll das Auto haben, welche Motorleistung? Gefällt mir das Karosseriedesign? Muss der Kinderwagen in den Kofferraum passen? Steht eine Anhängerkupplung zur Verfügung? Und schließlich: Wie weit ist es zur nächsten vom Hersteller autorisierten Werkstatt?

Hoffentlich wägen Sie auch Umweltaspekte ab: Wie hoch ist der Verbrauch, wie groß ist die Schadstoffmenge? Aber auch: Ist es ökologischer, die „alte Mühle" mit ihren katastrophalen Abgaswerten noch ein paar Jahre zu fahren und dafür den Kauf (und damit die Produktion) eines Neuwagens noch hinauszuschieben?

All diese Themen sind wichtig und können nur Sie entscheiden. In der vorliegenden Schrift soll es aber allein um den Aspekt des Antriebssystems gehen: batterieelektrischer Antrieb, Brennstoffzellenantrieb oder verbrennungsmotorischer Antrieb. Dies macht die Fragestellung etwas „theoretisch", hat aber dennoch ihre Berechtigung.

Um den Systemvergleich dennoch nicht abgehoben theoretisch wirken zu lassen, sollen heute verfügbare Personenwagen verglichen werden, die mehr oder weniger in die gleiche Klasse fallen, also die oben genannten weiteren Aspekte gleichermaßen erfüllen (beziehungsweise nicht erfüllen). Die Auswahl ist eingeschränkt, weil es nur wenige Hersteller gibt, die Brennstoffzellenfahrzeuge produzieren: Hyundai, Mercedes-Benz und Toyota.
Mercedes-Benz stellte zwar den GLC F-Cell her. Allerdings wurde dem Brennstoffzellensystem eine vergleichsweise große Lithiumbatterie zur Seite gestellt, die überdies an der Steckdose aufgeladen werden kann. Mercedes bezeichnet dieses Fahrzeug deshalb auch als Plug-in-Hybrid. Die Produktion des GLC F-Cell ist mittlerweile eingestellt.
Toyota produziert zwar ein Brennstoffzellen-Fahrzeug, den Mirai, stellt aber kein vergleichbares batterieelektrisches Fahrzeug her.
Es bleibt also Hyundai. Die Firma stellt die Fahrzeuge Kona mit Diesel-, Benzin-, Benzin-Hybrid und Elektroantrieb her, sowie den Nexo mit Brennstoffzellenantrieb, der allerdings etwas größer als der Kona ist. Diese Fahrzeuge werden im Folgenden gegenübergestellt:

Abb. 28: Fahrzeuge mit verschiedenen Antriebsarten, © Hyundai Motor Deutschland GmbH

Hyundai Nexo

Frontantrieb
Brennstoffzelle
120 kW (163 PS)
0,77 kg H_2 / 100 km

Hyundai Kona

Hyundai Kona 1.6 T-GDI[29]
Frontantrieb Benzin DCT
130 kW (177 PS)
6,3 l Benzin / 100 km

Hyundai Kona 1.6 CRDi
Frontantrieb Diesel DCT
100 kW (136 PS)
4,5 l Diesel / 100 km

Hyundai Kona Hybrid
Frontantrieb Benzin DCT
104 kW (141 PS)
4,3 l Benzin / 100 km

Hyundai Kona Elektro

Frontantrieb
150 kW (204 PS)
14,7 kWh / 100 km
Batterie 64 kWh
Reichweite 484 km (WLTP)

29 Es gibt noch eine kleinere Motorisierung des Hyundai Kona, die jedoch in Bezug auf die Fahrdaten nicht mit der Elektro-, Diesel- oder Hybrid-Variante vergleichbar ist.

Warum wird kein Plug-in-Hybrid Fahrzeug berücksichtigt?

Ein Plug-in-Hybrid besitzt zwei Antriebe: einen Elektroantrieb und einen Verbrennungsmotorantrieb. Die Antriebe können jeweils einzeln oder auch zusammen eingesetzt werden, was das Fahrzeug selbstständig steuert, aber auch vom Fahrer gewählt werden kann. Die Fahrzeuge können sowohl mit Kraftstoff (Benzin oder Diesel) betankt werden, als auch an der Steckdose aufgeladen werden. Die Batterie ist, verglichen mit batterieelektrischen Fahrzeugen, eher klein.

Eine realistische Verbrauchsangabe ist schlicht nicht möglich. Setzt der Fahrer vor allen Dingen den Elektroantrieb ein und den Verbrennungsmotor nur auf seltenen Fernstrecken, so wird der Kraftstoffverbrauch niedrig und der Stromverbrauch hoch sein. Wird dagegen der Elektroantrieb nur selten benutzt, so wird der Kraftstoffverbrauch hoch und der Stromverbrauch niedrig sein.

Die ECE-Norm R 101 führt zu einer Verbrauchsangabe, die auf einem Mix beider Betriebsarten beruht: Der Prüfzyklus wird einmal mit voller Batterie im Elektromodus absolviert; dann ist der Kraftstoffverbrauch null. Ein zweites Mal wird er mit leerer Batterie gefahren, dabei ist allein der Verbrennungsmotor aktiv und verbraucht eine bestimmte Kraftstoffmenge x. Aus beiden Werten (null plus x Liter / 100 km) wird ein Mittelwert gebildet, wobei angenommen wird, dass pro elektrischer Reichweite, zum Beispiel 75 km, jeweils noch 25 km mit Verbrennungsmotor hinzukommen. Für die gesamte Fahrstrecke von 75 km + 25 km = 100 km wird also nur der Kraftstoffverbrauch von 25 km genannt. Dies führt zu absurd niedrigen Verbrauchsangaben.

Um auf die eingangs gestellte Frage nach der Auswirkung auf den Klimawandel zurückzukommen und die Fahrzeugkonzepte zu vergleichen, bietet sich die Berechnung des CO_2-Ausstoßes an. Nicht nur am Fahrzeug, denn da fahren ja die beiden Elektroautos CO_2-frei. Vielmehr muss auch die Lieferkette von der Erzeugung des „Kraftstoffs" bis zum Tank beziehungsweise bis zur Batterie betrachtet werden.

4.3 Batterieelektrisches Fahrzeug

Betrachten Sie zunächst das batterieelektrische Fahrzeug (Hyundai Kona Elektro). Strom wird in Deutschland in Braunkohle- und Steinkohlekraftwerken sowie Erdgaskraftwerken erzeugt. Diese stoßen im Betrieb CO_2 aus. Weiterhin wird Strom in Atomkraftwerken sowie durch Wind- und Wasserkraft und Photovoltaik erzeugt, dies gilt als CO_2-frei. Das Umwelt-Bundesamt veröffentlicht die spezifischen CO_2-Emissionen für den in Deutschland vorliegenden Mix an Kraftwerken.

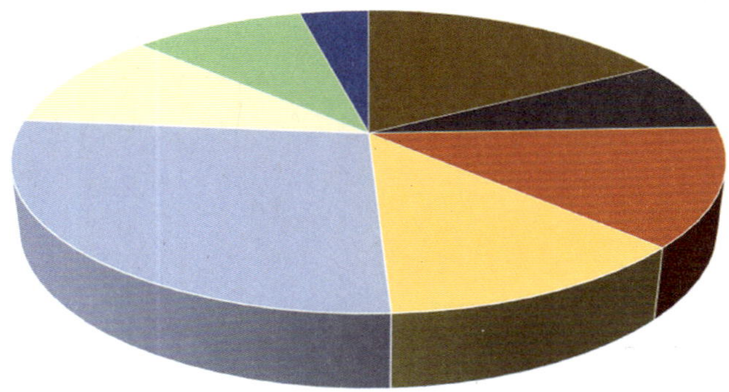

Abb. 29: Strommix 2020[30]

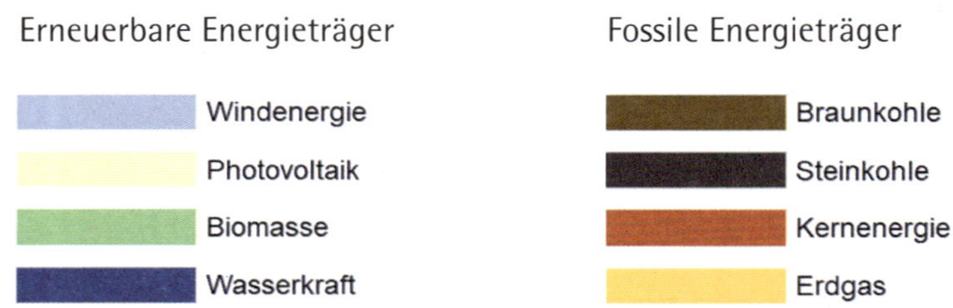

Im Jahr 1990 wurden 800 g CO_2 pro Kilowattstunde[31] ausgestoßen. Durch das Voranschreiten des Anteils der erneuerbaren Energien wurde 2019 nur noch 400 g CO_2 pro Kilowattstunde freigesetzt. Mit der obigen Verbrauchsangabe multipliziert ergibt sich heute ein CO_2-Ausstoß von 59 g/km. Es muss angemerkt werden, dass dieser Wert für Deutschland gilt. In Ländern, die über viel Wasserkraft verfügen wie die Alpenländer oder Norwegen sieht die Situation wesentlich besser aus. Dagegen sieht es in Ländern, die vorwiegend auf Kohlestrom setzen, wesentlich schlechter aus.

30 Strom-Report.de
31 Dieser Wert gilt für die beim Endverbraucher bezogene Energie, schließt also die Übertragungsverluste im Stromnetz ein.

Ich habe doch Ökostrom! Wieso wird der Kohleanteil im Strommix berücksichtigt?

Ein Stromvertrag über Ökostrom ist richtig und wünschenswert. Er bedeutet allerdings nur, dass der Anbieter entsprechend der bezogenen Strommenge auch Ökostrom in das Stromnetz einspeisen muss. Damit wird der Anteil des Ökostroms im Strommix indirekt erhöht. Der Strom, der aus der Steckdose kommt und das batterieelektrische Fahrzeug speist, muss jedoch immer mit dem Strommix angesetzt werden; Elektronen lassen sich nicht unterscheiden.
Lediglich bei eigener Stromerzeugung, zum Beispiel mittels Photovoltaik-Anlage, kann der Eigenstromanteil als 100 % Ökostrom berechnet werden.

Das Gegenteil wird auch behauptet.[32] Vereinfacht ausgedrückt geht die Argumentation so: *Batterieelektrische Autos nehmen den Ökostrom weg; deshalb müssen Kohlekraftwerke für die Lücke einspringen. Also sind batterieelektrische Autos zu 100 % mit Kohlestrom zu berechnen.*
Dies ist natürlich so abwegig wie die Idee, dass jedes zuletzt eingeschaltete elektrische Gerät - der Backofen, die Waschmaschine, der Fernseher - nun mit 100 % Kohlestrom betrieben würde.

Die fairste Annahme ist, den Energiemix im Strom den Berechnungen zugrunde zu legen.

---

32 Martin Stahl, Markus Seeberger, José Miguel Escobar: Der Weg hin zu einer CO_2-armen Mobilität.

4.4 Brennstoffzellenfahrzeug

Nun zu dem Brennstoffzellen-Fahrzeug (Hyundai Nexo). Wasserstoff wird heute überwiegend (zu 48 %) aus Erdgas und Wasser hergestellt (so genannte Dampfreformierung). Weiterhin kommen verwandte Prozesse zum Einsatz, die Wasserstoff aus Erdöl (bzw. dessen Folgeprodukten) und Wasser (zu 30 %) oder aus Kohle und Wasser (zu 18 %) gewinnen. Die zuvor beschriebene Elektrolyse, also die Herstellung aus Strom und Wasser, spielt heute noch eine untergeordnete Rolle (weniger als 4 %). Die erstgenannten Prozesse stoßen CO_2 aus. Die Elektrolyse ist, sofern Ökostrom eingesetzt wird, CO_2-frei. Im Schnitt werden für die Produktion von einem Kilogramm Wasserstoff aus Erdgas mindestens neun Kilogramm CO_2 freigesetzt[33]. In der Literatur finden sich Angaben bei anderen Brennstoffen bis zu 17 kg CO_2/kg H_2, im Mittel sind es 10 kg CO_2/kg H_2. Bei dem oben genannten Verbrauch des Brennstoffzellen-Fahrzeugs Hyundai Nexo ergibt sich ein CO_2-Ausstoß von mindestens 77 g/km.

Nur als Anmerkung: Dies ist in etwa der gleiche Wert, wie wenn man Erdgas in ein vergleichbar großes Fahrzeug mit Gasmotor gespeist hätte; der riesige technische Aufwand wäre dabei erspart geblieben.

33 Alexander Otto: Chemische, verfahrenstechnische und ökonomische Bewertung von Kohlendioxid als Rohstoff in der chemischen Industrie

4.5 Verbrennungsmotorisches Fahrzeug

An dieser Stelle sei noch ein Blick auf ein vergleichbares Fahrzeug mit Benzinmotor geworfen (Hyundai Kona GDI, CRDi und Hybrid). Pro Liter Benzin entstehen bei der Verbrennung 2,33 kg CO_2.[34] Bei Diesel liegt der CO_2-Ausstoß höher: pro Liter Diesel 2,65 kg CO_2. Dies liegt in erster Linie daran, dass Diesel eine höhere Dichte als Benzin hat. Man erhält also pro Liter mehr Masse an Kraftstoff. Im Fahrbetrieb emittieren die genannten Fahrzeuge folgende Mengen an CO_2:

- Hyundai Kona GDI (Benzin): 147 g CO_2/km
- Hyundai Kona CRDi (Diesel): 119 g CO_2/km
- Hyundai Kona Hybrid (Benzin): 100 g CO_2/km

Dies stellt jedoch nur einen Teil des gesamten CO_2-Ausstoßes dar. Wie bei den zuvor betrachteten elektrischen Fahrzeugen, muss auch hier die Bereitstellung des Kraftstoffs in Betracht gezogen werden. Für die Förderung des Rohöls, dessen Transport, Raffinierung, Transport des Kraftstoffs und den Betrieb der Tankstelle kommen weitere Emissionen dazu.[35] Bei Benzin ist ein Aufschlag von 30 % anzurechnen, bei Diesel ein Aufschlag von 24 %. Damit korrigiert sieht die Tabelle folgendermaßen aus:

- Hyundai Kona GDI (Benziner): 191 g CO_2/km
- Hyundai Kona CRDi (Diesel): 148 g CO_2/km
- Hyundai Kona Hybrid: 130 g CO_2/km

34 Umweltbundesamt „Autokauf“
35 Siehe folgendes Kapitel für Details

4.6 Fazit

Damit kann für den Fahrverbrauch der drei Fahrzeugtypen unter heutigen Bedingungen folgende Rangliste aufgestellt werden:

1. Batterieelektrisches Fahrzeug: 59 g CO_2 / 100 km
2. Brennstoffzellen-Fahrzeug: 77 g CO_2 / 100 km
3. Verbrennungsmotorisches Fahrzeug: 130 - 191 g CO_2 / 100 km

Das gleiche gilt in etwa auch für andere Gegenüberstellungen von Fahrzeugen, sofern die Fahrzeuge vergleichbar sind. Der CO_2-Ausstoß der Elektrovariante beträgt also heutzutage weniger als die Hälfte des CO_2-Ausstoßes der Verbrenner-Variante. Das Brennstoffzellen-Fahrzeug liegt in der Mitte.

5. Von Öko-Rucksäcken, Schweden und vielen Studien

5.1 Gesamte Ökobilanz

Die Betrachtung des Verbrauchs im Fahrbetrieb ist zwar ein wesentlicher Teil des CO_2-Ausstoßes über ein Autoleben. Aber der CO_2-Ausstoß verursacht durch die Produktion des Fahrzeugs und die Entsorgung am Ende des Autolebens muss auch berücksichtigt werden. Dabei spielt die Produktion die weitaus größere Rolle als die Entsorgung.

Genau genommen muss der CO_2-Ausstoß bei der Produktion aller Teile eines Fahrzeugs berechnet und aufsummiert werden, also Karosserie, Motor, Achsen, Räder, Sitze usw. Dann könnte man die verschiedenen Antriebskonzepte vergleichen. Allerdings ist die Datenlage äußerst unsicher, weil die Hersteller und Lieferanten nicht alle Produktionsdaten veröffentlichen. Wie Sie im Folgenden sehen werden, ist die Produktion eines batterieelektrischen Fahrzeugs oder eines Brennstoffzellenfahrzeugs derzeit energieaufwändiger als die Produktion eines verbrennungsmotorischen Fahrzeugs. Hier wurde bewusst „energieaufwändig" geschrieben, denn letztlich hängt der CO_2-Ausstoß von der Art der eingesetzten Energie ab. Den Nachteil bei der Produktion sollen batterieelektrische Fahrzeuge und Brennstoffzellenfahrzeuge durch geringere Emissionen beim Fahrbetrieb wieder wettmachen.

In einem Autoleben entsteht ein Teil des gesamten CO_2-Ausstoßes bei der Produktion; deswegen beginnt die Emissionskurve nicht bei null. Daran schließt sich die Nutzung an, während der die CO_2-Emission weiter ansteigt. Am Ende eines Autolebens macht die Kurve noch mal einen kleinen Sprung; dies ist die Entsorgung des Fahrzeugs.

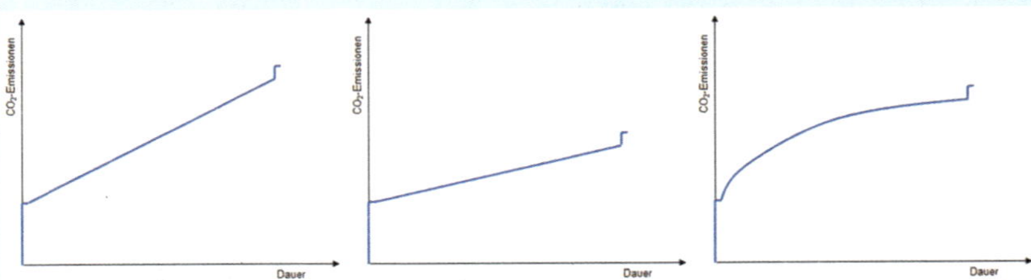

Abb. 30: Emissionskurven von Fahrzeugen

Wenn die Linie im Mittelbereich steil ansteigt (links), so zeigt dies hohe Emissionen während der Nutzung. Dies kann an einem hohen Verbrauch oder an einem kohlenstoffreichen Kraftstoff liegen. Verläuft sie dagegen flach (Mitte), so liegt eine niedrige Emission vor. Wenn die Kurve gekrümmt verläuft (rechts), so ist die Ursache in einer immer umweltfreundlicheren Herstellung des Kraftstoffs zu suchen. Dies trifft insbesondere bei Strom und strombasierten Kraftstoffen zu. Solange die Stromerzeugung noch auf der Verbrennung von Kohle beruht, so verläuft die Kurve noch steil. Je mehr der Anteil erneuerbarer Energie steigt, desto flacher wird die Kurve.

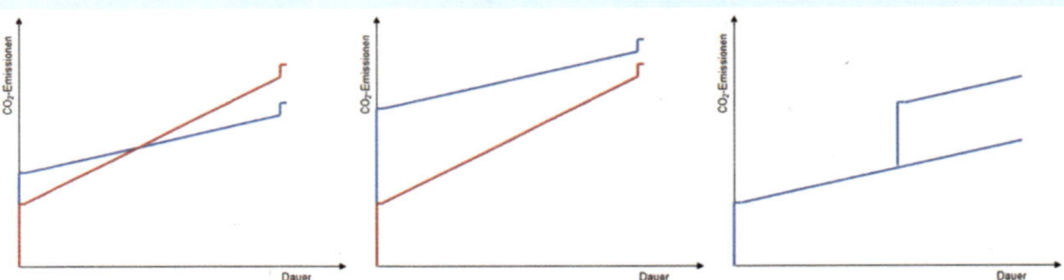

Abb. 31: Vergleich der Emissionskurven von Fahrzeugen

Wenn zwei oder mehr Fahrzeugkonzepte verglichen werden, so werden die Kurven übereinandergelegt. Ein solcher Vergleich ist typisch bei der Gegenüberstellung von neuen Antriebsformen (blau: batterieelektrisch oder Brennstoffzelle) mit den klassischen Antriebsformen (rot: Benzin oder Diesel). Während zu Beginn der Nutzungsdauer der klassische Antrieb wegen Produktionsvorteilen noch günstiger ist, wird der neue Antrieb ab dem Schnittpunkt besser (links). Ab hier wird CO_2 gespart.

Allerdings sollte sich der Schnittpunkt noch vor Ende des Autolebens ereignen und nicht erst danach (Mitte).

Überhaupt spielt die zu erwartende Lebensdauer des jeweiligen Antriebs eine wichtige Rolle. Es macht einen Unterschied, ob zum Beispiel ein Fahrzeug nach 150 000 Kilometer oder nach 300 000 Kilometer durch ein neues Fahrzeug ersetzt werden muss (rechts).

5.2 Vorsicht, vermintes Gelände!

Was so offensichtlich erscheint, wird in vielen Studien nicht ausreichend berücksichtigt. Dann kommen Ergebnisse heraus, wie „Ein Elektroauto hat über die gesamte Lebensdauer keine bessere Ökobilanz als ein Dieselfahrzeug." Die Studien wenden sich in erster Linie gegen batterieelektrische Fahrzeuge. Welche Fehler oder falschen Annahmen werden gemacht? Schauen Sie sich diese im Einzelnen an:

Fokussierung allein auf die Batterieproduktion

In der Vergangenheit gab es einige Studien, die zurecht kritisiert werden.[36] Sie sahen den CO_2-Ausstoß bei der Produktion eines Fahrzeugs mit Verbrennungsmotor als gegeben an und haben diesen in Vergleichen nicht weiter berücksichtigt. Bei Fahrzeugen mit batterieelektrischem Antrieb wurde dann der CO_2-Ausstoß bei der Batterieproduktion als zusätzlicher Ausstoß in Rechnung gestellt; dies ist der Öko-Rucksack. Der Begriff „Öko-Rucksack" suggeriert jedoch ein falsches Bild, das Bild einer zusätzlichen Last.

Schließlich besitzt das Fahrzeug mit Verbrennungsmotor seinerseits viele Teile, die im batterieelektrischen Fahrzeug nicht erforderlich und deshalb auch nicht vorhanden sind: Tank, Einspritzanlage, Abgasnachbehandlung, Wechselgetriebe, Kardanwelle usw. Merkwürdigerweise hat bislang keiner diese Teile als „Öko-Rucksack" des verbrennungsmotorischen Fahrzeugs bezeichnet.

Zurzeit entstehen batterieelektrische Fahrzeuge, die sogar auf einen Teil des Fahrzeugrahmens verzichten können. Front- und Heckrahmen werden mithilfe des Batteriepakets verbunden, das von sich aus die erforderliche Stabilität mitbringt (siehe Abb. 32).[37] Dieses Beispiel zeigt ganz deutlich, dass ein batterieelektrisches Fahrzeug ganz neu gedacht werden kann. Dennoch setzen immer noch viele Firmen (aus Vorsicht?) auf eine gemeinsame Plattform, mit der Fahrzeuge mit Verbrennungsmotor, Brennstoffzelle und Batterieantrieb gebaut werden. Dies verschenkt jedoch das Potential der jeweiligen Antriebsform.

36 Christoph Buchal, Hans-Dieter Karl und Hans-Werner Sinn, Kohlemotoren, Windmotoren und Dieselmotoren: Was zeigt die CO_2-Bilanz?

37 Teslamag, 27.09.2020: „Deutsches Tesla Model Y: Heck und Front aus einem Guss, dazwischen Akku-Element?"

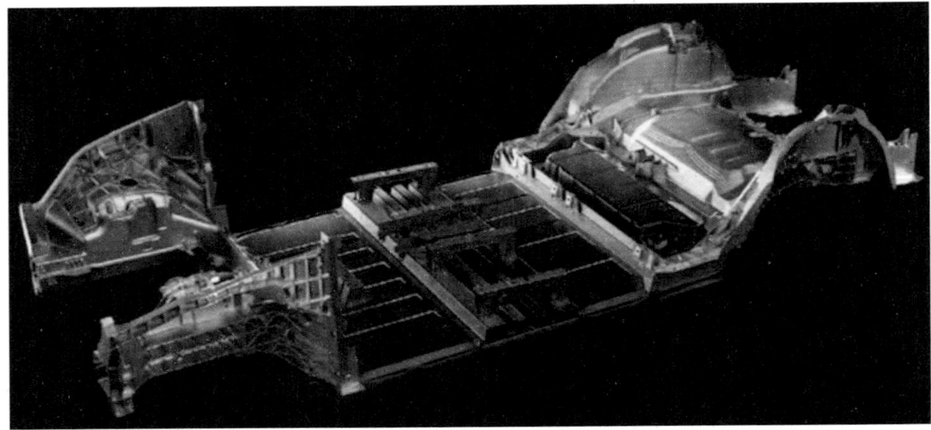

Abb. 32: Künftiges Tesla Model Y, © Tesla Inc.
Front und Heckrahmen aus Aluminium-Druckguss, dazwischen als verbindendes Element das Batteriepaket in Sandwich-Bauweise.

Annahme von zu hohem CO_2-Ausstoß bei der Batterieproduktion

Bekannt wurde die im Jahr 2017 veröffentlichte Studie des schwedischen Umweltinstituts IVL[38]. In dieser Metastudie wurde zusammengetragen, wieviel Energie für die Produktion einer Lithiumionen-Batterie erforderlich ist und aufgrund des Energiebedarfs der CO_2-Ausstoß mit 150-200 kg CO_2 pro Kilowattstunde Batteriekapazität angegeben. Dabei gingen die Autorinnen von Kohlestrom aus, wie er in China üblich war, weil zu jener Zeit viele Batterien in China produziert wurden. In einem Beitrag zu der Autozeitschrift Ny Teknik[39] hat der Journalist Johan Kristensson diese Angaben auf die Batterie eines Tesla Model S hochgerechnet und kam auf einen Öko-Rucksack von 17 Tonnen CO_2. Diese Zahl ist einprägsam, aber falsch. Die Batterien für die Fahrzeuge von Tesla werden in einem Gemeinschaftswerk von Panasonic und Tesla in Nevada produziert, mit einem hohen Anteil von Solarstrom. In den Medien gipfelte dies dennoch in der Aussage, dass über die gesamte Lebensdauer batterieelektrische Fahrzeuge keine bessere Ökobilanz hätten als Fahrzeuge mit Verbrennungsmotor.

Mittlerweile hat sich der Energiebedarf bei der Produktion von Batterien weltweit verbessert. Dies liegt einerseits am Skaleneffekt: Bei großer Stückzahl kann die Heizung bei der Beschichtung der Elektroden viel besser genutzt werden. Andererseits ist die Erzeugung der erforderlichen Energie umweltfreundlicher geworden.

38 IVL Swedish Environmental Research Institute 2017: The Life Cycle Energy Consumption and Greenhouse Gas Emissions from Lithium-Ion Batteries
39 Ny Teknik, Johan Kristensson: Stora utsläpp från elbilarnas batterier

Zum Teil haben Automobilhersteller angekündigt, Batterien und sogar ganze batterieelektrische Fahrzeuge völlig CO_2-neutral herzustellen[40]. Demzufolge hat das IVL 2019 ein Update[41] veröffentlicht, das auf aktuelleren Angaben beruht jetzt sind es durchschnittlich noch 61 bis 106 kg CO_2 pro Kilowattstunde, wenn die Art der Energieversorgung bekannt ist. Bei unbekannter Energieversorgung muss noch von einem Maximum von 146 kg CO_2 pro Kilowattstunde ausgegangen werden. Dennoch halten sich selbst in jüngsten Studien[42] (Oktober 2020) die überholten hohen Werte aus der ersten IVL-Studie.

Unterschätzung der Batterielebensdauer

Viele denken, Lithium-Batterien in batterieelektrischen Fahrzeugen würden genauso schnell verschleißen, wie jene in Mobiltelefonen oder Tablet-Computer. Befeuert wurde diese Annahme noch durch die Aussage, dass Tesla „Handy-Akkus" in großer Zahl verwenden würde. Auch dies ist falsch. Die Lithium-Batteriezellen der ersten Tesla-Fahrzeuge haben lediglich die gleichen Außenabmessung wie jene aus Tablet-Computer, aber eine komplett andere Zellchemie.

Tatsächlich halten die Batterien eines batterieelektrischen Fahrzeugs ein Autoleben lang. Viele Hersteller geben eine Garantie von acht Jahren oder 160 000 Kilometer. Wie die Erfahrungen zeigen, halten die Batterien sogar wesentlich länger: 300 000 Kilometer bis eine Million Kilometer werden geschätzt.[43] Offensichtlich sind Batterien so langlebig, dass sie nach dem Lebensende des Fahrzeugs noch als stationäre Energiespeicher taugen, etwa um Strom aus einer Photovoltaik-Anlage zu speichern. Es macht nun einen Riesenunterschied, ob der CO_2-Ausstoß der Produktion auf 150 000 Kilometer[36] umgelegt wird oder auf 300 000 Kilometer[43].

40 Internetseite der Volkswagen AG, abgerufen am 20.11.2020: CO_2-Emissionen werden – soweit möglich – unmittelbar bei Volkswagen vermieden und reduziert. Vorlieferanten werden entsprechend zur Vermeidung und Reduktion verpflichtet. CO_2-Emissionen, die bei Volkswagen und durch entsprechende Verpflichtungen in der Lieferantenkette nicht vermieden und reduziert werden können, werden in gleicher Höhe durch zertifizierte Klimaschutzprojekte ausgeglichen.

41 IVL Swedish Environmental Research Institute 2019: Lithium-Ion Vehicle Battery Production

42 Thomas Koch, Olaf Toedter, Philipp Weber, Karlsruher Institut für Technologie (KIT) im Auftrag des VDI

43 Auke Hoekstra, Maarten Steinbuch, Eindhoven University of Technology: Comparing the lifetime green house gas emissions of electric cars with the emissions of cars using gasoline or diesel.

Vergleich von nicht-vergleichbaren Fahrzeugen

In der Studie des ifo-Instituts[36] wurden Fahrzeuge verglichen, die nicht in die gleiche Kategorie fallen, ein leistungsstarkes Tesla Model 3 LR (Long-Range-Version mit 340 kW, 462 PS, Allradantrieb) mit einer eher zurückhaltend motorisierten Mercedes-Benz C-Klasse C220d (143 kW, 194 PS, Heckantrieb) mit günstigem Kraftstoffverbrauch.

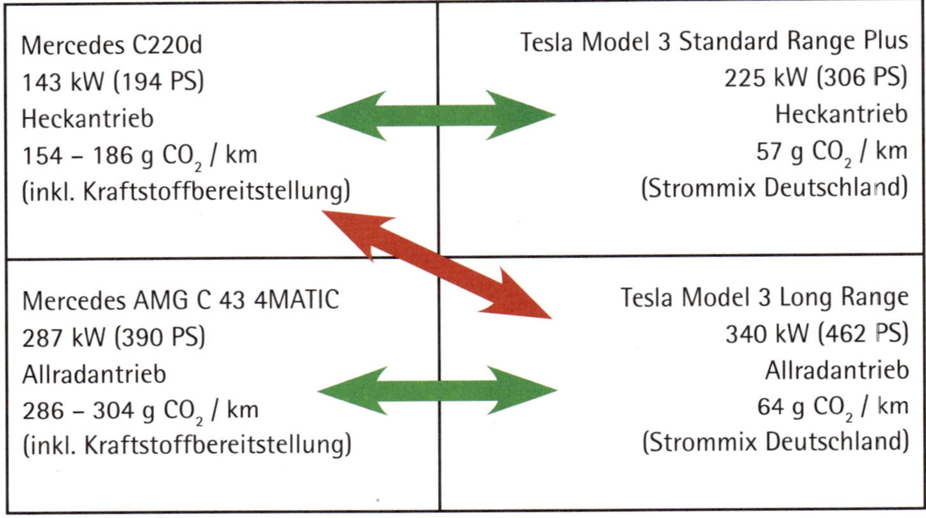

Richtig vergleichen:
Auf die inneren Werte kommt es an! Mit dem roten Pfeil lägen Sie schief.

Man erkennt bereits an den Leistungsdaten, dass in dieser Studie nicht vergleichbare Fahrzeuge gegenübergestellt werden. Andere Paarungen wären naheliegender, z.B. das erwähnte Tesla Model 3 LR mit der ähnlich motorisierten C-Klasse AMG C43 4MATIC (287 kW, 390 PS, Allradantrieb). Oder das schwächer motorisierte Tesla Model 3 SR+ (225 kW, 306 PS, Heckantrieb) mit dem zuvor erwähnten C220d, siehe Tabelle. Gleich würden sich andere Verbrauchswerte ergeben, die den verbrennungsmotorischen Antrieb ungünstiger beziehungsweise den Elektroantrieb vorteilhafter aussehen ließen.

Unterschlagung des Produktionsaufwands von Benzin- und Diesel-Kraftstoff

Grundsätzlich setzt sich bei jeder Antriebsart der gesamte CO_2-Ausstoß des Fahrbetriebs aus zwei Bestandteilen zusammen: Der Ausstoß bei der Produktion des „Kraftstoffs" von der Quelle bis zum Tank (well-to-tank) und der Ausstoß im Fahrzeug, also vom Tank bis zum Rad (tank-to-wheel.) Beide zusammen ergeben dann den entscheidenden CO_2-Ausstoß von der Quelle bis zum Rad (well-to-wheel).

Beim batterieelektrischen Fahrzeug und beim Brennstoffzellenfahrzeug ist der Anteil tank-to-wheel gleich null; sie fahren lokal emissionsfrei. In Betracht kommt nur der Anteil well-to-tank. Beim Fahrzeug mit Verbrennungsmotor tragen beide Komponenten zum Gesamtausstoß bei.

Oft wurde bei Fahrzeugen mit Verbrennungsmotor nur die Emission im Fahrbetrieb betrachtet. Dieser gravierende Fehler wurde glücklicherweise nur in frühen Studien gemacht, aber in der Presse häufig unkritisch weitergegeben.

Diese Vorgehensweise unterschlägt den Produktionsprozess von Benzin und Diesel (well-to-tank); diese wachsen ja nicht hinter der Tankstelle auf der grünen Wiese. Das Bohrloch muss gebohrt werden, das Erdöl gefördert, transportiert, raffiniert und der Kraftstoff erneut transportiert werden. Allerdings ist die Abschätzung dieser Emissionen auch nicht ganz einfach, denn sie hängen stark vom Förderland ab. Große Emissionen zeigen zum Beispiel die Fördergebiete in afrikanischen und südamerikanischen Ländern sowie die Ölgewinnung aus Teersanden, geringe Emissionen die Fördergebiete in den arabischen Ländern.

Im Mittel muss auf den CO_2-Ausstoß eines Fahrzeugs ein Aufschlag erfolgen, wie zuvor beschrieben.[44] Der in der ifo-Studie[36] betrachtete Mercedes-Benz C220d hat also keinen CO_2-Ausstoß von 117 g / km (nach NEFZ laut ifo-Studie) sondern 154 bis 186 g / km (nach WLTP, inklusive Kraftstoffproduktion).

Um es mal anschaulich zu machen: Allein mit dem Stromverbrauch der Raffinerie für die Herstellung von fünf Liter Kraftstoff (entsprechend 100 km Fahrstrecke) ist bereits der halbe Stromverbrauch eines vergleichbaren batterieelektrischen Fahrzeugs für die gleiche Fahrstrecke abgedeckt.[44]

Nicht-Berücksichtigung kommender Entwicklungen

Viele Studien gehen vom Status-Quo aus und nehmen ihn als Grundlage für Berechnungen über die gesamte künftige Lebensdauer eines Fahrzeugs. Der Blick in die Vergangenheit lehrt, dass zum Beispiel der Anteil erneuerbarer Energien am Strommix weiter steigt, dass die Batterien dank steigender Stückzahl effizienter gebaut werden usw. Es ist anzunehmen, dass diese Trends sich in der Zukunft fortsetzen.

44 Öko-Institut e.V: Endenergiebezogene Gesamtemissionen für Treibhausgase aus fossilen Energieträgern unter Einbeziehung der Bereitstellungsvorketten

Hier als weiteres Beispiel ein Blick auf die Zellchemie der Lithium-Batterien. Bis vor kurzem galt L-NMC111 als Standard der Batteriechemie. Dies bedeutet, dass die Lithium-Ionen in ein Metallgitter aus Nickel, Mangan und Cobalt eingebaut sind, wobei diese Metalle im Verhältnis 1 : 1 : 1 stehen. Nun ist aber gerade die Aufbereitung des Cobalts sehr energieintensiv.[45]
In jüngster Zeit setzen sich Zellen des Typs L-NMC622durch, also besteht das Metallgitter mehr als zur Hälfte aus Nickel und geringen Anteilen von Mangan und Cobalt.
Weiterhin werden auch kobaltfreie Zellen mit der Chemie L-FP (Lithium-Eisenphosphat) erprobt. Diese haben zwar eine geringere Energiedichte, aber wenn genügend „Platz" im Batteriekasten ist, kann dies auch zum Erfolg führen. Sie lassen sich mit noch geringerem Energieeinsatz herstellen.

Schlussbemerkung (und damit soll es jetzt gut sein)

Ob die genannten Vergleiche einfach der Schludrigkeit der Autoren oder wirtschaftspolitischen Interessen geschuldet sind, soll nicht weiter erläutert werden.

45 Cobalt wird in erster Linie in Australien gewonnen; an zweiter Stelle folgt die Demokratische Republik Kongo. Der Bergbau in Kongo ist wegen illegalem Abbau und Kinderarbeit in Verruf geraten. Namhafte Hersteller haben allerdings durchgesetzt, dass die Lieferanten zertifiziert werden und wesentliche Standards einhalten.

5.3 Batterieelektrisches Fahrzeug

Zurück zur ursprünglichen Fragestellung und darauf eine stark vereinfachte und grobe Antwort:

- Die Produktion eines verbrennungsmotorischen Autos der Kompaktklasse emittiert rund 8,5 Tonnen CO_2. Dabei entfallen 6,5 Tonnen CO_2 auf die Produktion des Rumpfs des Fahrzeugs und 2 Tonnen CO_2 auf die Produktion des Antriebssystems.[42]

- Die Produktion des Rumpfs eines batterieelektrischen Autos der Kompaktklasse emittiert ebenfalls 6,5 Tonnen CO_2. Dazu kommt die Produktion des Antriebssystems mit 1,5 Tonnen CO_2 und die Produktion der Batterie (50 kWh) laut VDI-Studie[42] mit 6 bis 9 Tonnen CO_2-Ausstoß, je nach Produktionsort der Batterie und dem dort vorhandenen Energiemix. Insgesamt also 14 bis 17 Tonnen CO_2.
  Setzt man den CO_2-Ausstoß in Relation zu der Batteriekapazität, erklären sich die hohen Werte der VDI-Studie. So nehmen die Autoren für eine Batterieproduktion in China 292 kg CO_2 pro Kilowattstunde Batteriekapazität an, für eine europäische Produktion immer noch 125 kg CO_2 pro Kilowattstunde Batteriekapazität. Diese Daten sind jedoch veraltet und stehen in krassem Widerspruch zu den jüngsten Daten: 61 bis 106 kg CO_2 pro Kilowattstunde[41]. Deshalb wird der Anteil der Batterieproduktion basierend auf dem aktuellen gewichteten Mittelwert[41] von 75 kg CO_2 pro Kilowattstunde korrigiert. Nun kommt die Batterieproduktion auf 3,6 Tonnen CO_2 und die Produktion des gesamten batterieelektrischen Fahrzeugs auf 11,6 Tonnen CO_2.

Diesen Nachteil bei der Produktion muss das Elektroauto im Laufe seines Betriebs kompensieren. Bei einem Stromverbrauch von 150 Wh / km ergibt sich im deutschen Strommix ein CO_2-Ausstoß von 60 g CO_2 pro Kilometer (Stand 2019, künftig besser dank umweltfreundlicherem Strommix). Dem steht das verbrennungsmotorische Fahrzeug gegenüber mit einem CO_2-Austoß von 140 g pro Kilometer (direkte Emission plus Kraftstoffherstellung und -transport). Nach dieser Rechnung ist der Startnachteil des Elektroautos nach rund 35.000 Kilometer kompensiert und fortan spart das Elektroauto CO_2. Bei einem Fahrzeug mit großer Batterie, z.B. 100 kWh, dauert es länger; bei einem Fahrzeug mit kleiner Batterie, z.B. 30 kWh, tritt der Gleichstand früher ein. Gleichwohl – eine Aussage, dass ein batterieelektrisches Fahrzeug seinen erhöhten Produktionsaufwand nie einholt, lässt sich nicht halten.

Dies stellt, das sei noch einmal betont, eine Momentaufnahme dar und hängt von den künftigen Produktionsmethoden[46] der Fahrzeuge und der Entwicklung auf dem Stromsektor ab. Es steht weiterhin zu erwarten, dass in der Batterietechnik immer noch Fortschritte zu verzeichnen sind. So werden in nächster Zeit die Elektroden der Batteriezellen in einem trockenen statt nassen Verfahren mit dem elektrochemisch aktiven Material beschichtet, was einerseits den Umgang mit Lösungsmittel und andererseits die Stromkosten des Trocknungsprozesses spart[47].

46 Volkswagen Newsroom vom 01.11.2019: So wird der ID.3 CO_2-neutral
47 Teslamag vom 23. September 2020, Batterie-Tag 1

5.4 Brennstoffzellenfahrzeug

Beim Brennstoffzellenfahrzeug kann ähnlich wie beim batterieelektrischen Fahrzeug gerechnet werden; schließlich sind beides Elektroautos. Auch hier geht man von einem Rumpf des Fahrzeugs aus, dessen Produktion etwa 76 % des CO_2-Ausstoßes der Produktion eines vergleichbaren Fahrzeugs mit Verbrennungsmotor ausmacht, also bei einem Mittelklassefahrzeug etwa 6,5 Tonnen CO_2. Dazu kommt die Produktion des Elektromotors samt seiner Ansteuerung, die (wie beim batterieelektrischen Fahrzeug) mit 1,5 Tonnen CO_2 veranschlagt wird. Statt der Produktion der Batterie steht hier die Produktion des Brennstoffzellensystems. Das Brennstoffzellensystem umfasst den Brennstoffzellenstack selbst, den Wasserstofftank und die betriebsnotwendigen Leitungen, Ventile, Pumpen. Außerdem gehört zum Brennstoffzellensystem eine kleine Lithiumionen-Batterie zur Pufferung des Stroms.

In dieser Studie[48] werden die CO_2-Emissionen bei der Produktion ermittelt und den Verbräuchen gegenübergestellt. Für den Brennstoffzellenstack wird eine Leistung von 95 Kilowatt angesetzt. Dies mag wenig erscheinen, aber man muss ja bedenken, dass dem Stack eine Lithiumionen-Batterie parallelgeschaltet ist, die kurzfristig eine viel höhere Leistung an den Elektromotor abgeben kann. Für den Wasserstofftank wird ein Speichervermögen von 5,6 Kilogramm Wasserstoff angenommen. Dies ist ausreichend für eine Reichweite über 500 Kilometer. Damit kommen die Autoren zu dem Ergebnis, dass die Produktion des Stacks 2,85 Tonnen CO_2 verursacht, die Produktion des Tanks etwa 2,5 Tonnen CO_2. Dabei überrascht zunächst einmal, dass die Herstellung des Wasserstofftanks einen fast genauso großen CO_2-Ausstoß verursacht, wie die Herstellung des Brennstoffzellenstacks. Die Studie zeigt auf, dass die Produktion der Kohlefasern des Tanks ursächlich ist für die hohen Emissionen. In der Studie taucht die Pufferbatterie (etwa 1,6 kWh) nicht auf. Deren Produktion muss noch mit rund 200 kg CO_2 angesetzt werden, wenn man den Annahmen der Autoren über Batterieproduktion folgt.

Die Autoren der Studie untersuchen verschiedene Szenarien: Wie wird der Öko-Rucksack im Betrieb unter heutigen Bedingungen kompensiert? In einem Blick auf die aktuelle Situation (bezeichnet mit 2020 bis 2030) wird für den Wasserstoffbezug die Dampfreformierung aus Erdgas angesetzt. In einem Zukunftsszenario (bezeichnet mit 2030 bis 2040) wird für den Wasserstoffbezug der Betrieb von Elektrolyseuren mit Strom aus Windkraft angenommen. Die Autoren haben in ihren Vergleich auch batterieelektrische Fahrzeuge berücksichtigt.

---

48 Fraunhofer-Institut für Solare Energiesysteme – ISE vom 13.07.2019, Treibhausgas-Emissionen für Batterie- und Brennstoffzellenfahrzeuge mit Reichweiten über 300 km (Studie im Auftrag der H2 Mobility)

In allen Szenarien kommen die Autoren zum Schluss, dass sowohl batterieelektrische Fahrzeuge als auch Brennstoffzellenfahrzeuge ihren höheren Produktionsaufwand gegenüber einem Fahrzeug mit Verbrennungsmotor früher oder später aufholen. Dabei kommen sie zum Schluss, dass dies mit dem Brennstoffzellenfahrzeug früher gelänge als mit einem batterieelektrischen Fahrzeug.

In dieser Studie wurde vieles richtig berücksichtigt, so z.B. der Aufwand zur Herstellung des Kraftstoffs, der Aufwand für Kühlanlagen und Kompressoren beim Wasserstoff. Aber auch diese Studie muss sich berechtigter Kritik stellen. Den Energieaufwand für die Batterieproduktion wird mit 125 kg CO_2 pro kWh Batteriekapazität angesetzt, also mehr als die oben genannten 61 bis 106 kg CO_2 pro kWh Batteriekapazität. Außerdem wurden für die Lithium-Batterien nur so genannte Nickel-Kobalt-Mangan-Zellen berücksichtigt. Der Kobalt-Anteil erfordert einen hohen Energieeinsatz. Modernere Lithiumzellen auf der Basis von Lithium-Eisen-phosphat mit deutlich geringerem Energieaufwand fanden keine Berücksichtigung. Hätten die Autoren einen CO_2-Ausstoß von 75 kg pro kWh Batteriekapazität angenommen, so hätte das batterieelektrische Fahrzeug von Anfang an einen Vorteil gegenüber dem Brennstoffzellenfahrzeug gehabt und das Dieselfahrzeug nach kurzer Fahrleistung unterboten.

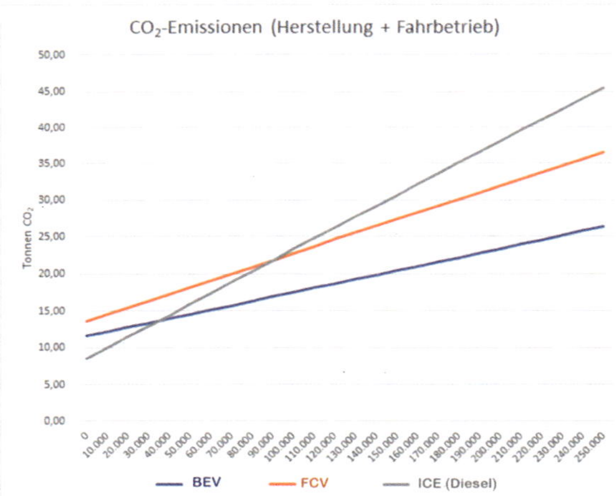

Abb. 33: CO_2-Emission laut den oben genannten Werten
BEV = batterieelektrisches Fahrzeug,
FCV = Brennstoffzellenfahrzeug,
ICE = verbrennungsmotorisches Fahrzeug, hier Diesel.

Das batterieelektrische Fahrzeug emittiert ab 35.000 km Fahrleistung weniger CO_2 als das verbrennungsmotorische, das Brennstoffzellenfahrzeug ab 90.000 km Fahrleistung.

6. Der Weg des Stroms

6.1 Voraussetzungen

Durchschnittlich 9,6 Jahre sind Autos in Deutschland alt, laut der Statistik des Kraftfahrbundesamtes.[49] Der subjektive Eindruck mag ein anderer sein. Einerseits weil fabrikneue Autos mehr ins Auge springen. Andererseits zieht der Anteil von zugelassenen Oldtimern sicherlich den Durchschnitt nach oben. Aber dennoch, ein heute zugelassenes Auto befindet sich im Jahr 2030, also in zehn Jahren, gerade im Mittelfeld.

Bereits 2030 soll nach Willen der EU-Kommission jedoch der Anteil fossiler Energieträger um 55 % gegenüber 1990 gesenkt werden. Es ist kaum zu erwarten, dass Fahrzeuge mit emissionsfreien Antrieben im Jahr 2030 bereits 55 % des Fahrzeugbestandes ausmachen. Es kann aber sehr wohl angenommen werden, dass mindestens 55 % der Neuzulassungen einen emissionsfreien Antrieb besitzen, um auch nur einigermaßen mit den Emissionszielen mithalten zu können.

Solche Übergangsphasen sind schwer abzuschätzen. Der mehrheitliche Übergang von fossil betriebenen zu alternativ betriebenen Fahrzeugen kann früher oder später stattfinden.

49 Kraftfahrt-Bundesamt „Statistik“

Werfen Sie nun einen Blick in die weitere Zukunft, dafür soll das Jahr 2050 gewählt werden. Einerseits klingt 2050 nach ganz weit weg. Andererseits sind es aber auch nur noch 30 Jahre bis zu diesem Datum. Für die EU (und die damit eng verbundenen Staaten der EFTA) gilt das Jahr 2050[50] als spätestes Enddatum für fossile Energieträger. Die Aussagen zu einem Zukunftsszenario werden – obwohl dies widersprüchlich klingt – sicherer für diese ferne Zeit. Denn 2050 gibt es eigentlich keine fossilen Alternativen mehr.[51] Dann heißt es:

- Für batterieelektrische Fahrzeuge darf kein Kohlestrom mehr verwendet werden, sondern allein Ökostrom.
- Die Wasserstoffgewinnung für das Brennstoffzellen-Fahrzeug darf nicht auf Erdgas, Erdöl oder Kohle basieren, sondern muss auf der Wasserelektrolyse mit erneuerbarer Energie beruhen.
- Ebenso muss synthetischer Kraftstoff allein aus erneuerbarer Energie, Wasser und Kohlendioxid produziert werden.

In den folgenden Überlegungen wird mit 100 % Ökostrom gestartet und der Weg der Energie von der Quelle bis zum Antrieb des Fahrzeugs verfolgt.

50 Mittlerweile ist in der EU sogar das Zieljahr 2045 im Gespräch.

51 Einige Studien rechnen dennoch nur mit einem Anteil von nur 80 % bis 95 % erneuerbarer Energie.

6.2 Batterieelektrisches Fahrzeug

Zunächst wird der batterieelektrische Antrieb betrachtet. Der Strom wird vom Erzeuger über Höchstspannungs-, Hochspannungs- und Mittelspannungsnetze zu den Ortsnetzen übertragen. Öffentliche (Standard-) Ladestationen und private Wallboxen sind an das Niederspannungsnetz angeschlossen, Schnellladestationen wegen der höheren elektrischen Leistung dagegen direkt an das Mittelspannungsnetz. Auf dem Weg bis zur Ladestation treten Übertragungsverluste auf, die in Deutschland knapp 6 % betragen[52].

Bei allen Aufladevorgängen batterieelektrischer Autos wird ein Ladegerät genutzt. Bei geringen elektrischen Leistungen, in der Regel bis 11 kW, in einigen Fällen bis 43 kW, wird das bordeigene Ladegerät benutzt. Bei elektrischen Leistungen von 50 kW aufwärts wird das in der Ladestation befindliche Ladegerät benutzt. Das Ladegerät wandelt den gelieferten Wechselstrom in Gleichstrom für die Batterie um; dabei entstehen Verluste von etwa 2 %.[53]

Die Batterie gibt im Fahrbetrieb nicht so viel elektrische Energie ab, wie sie beim Ladevorgang aufgenommen hat. Der Batterie-Wirkungsgrad liegt bei 90 %.[53]

Der Wechselrichter im Fahrzeug nimmt den Gleichstrom aus der Batterie auf und steuert den Elektromotor mit Drehstrom an. Er setzt dabei etwa 98 % der elektrischen Energie um.[54] Der Elektromotor selbst hat ebenfalls Verluste. Etwa 98 % der dargebotenen elektrischen Energie setzt er in Bewegungsenergie um.[53]

Insgesamt ergibt sich folgende Aufstellung:

	Wirkungsgrad	Verluste
Übertragungsnetz	94 %	6 %
Ladegerät	98 %	2 %
Batterie (Laden und Entladen)	90 %	10 %
Wechselrichter	98 %	2 %
Elektromotor	98 %	2 %
Gesamt	**80 %**	**20 %**

Der Gesamtwirkungsgrad ist das Produkt der Einzelwirkungsgrade. Multipliziert man also die einzelnen Wirkungsgradangaben, so erhält man den Gesamtwirkungsgrad des Antriebskonzepts, in diesem Fall 80 %. Der Unterschied zu 100%, in diesem Fall 20 %, ist der Gesamtverlust.

52 Wikipedia „Übertragungsverlust“
53 Energie-Lexikon „Laden von Elektroautos“
54 Wikipedia „Elektroauto“

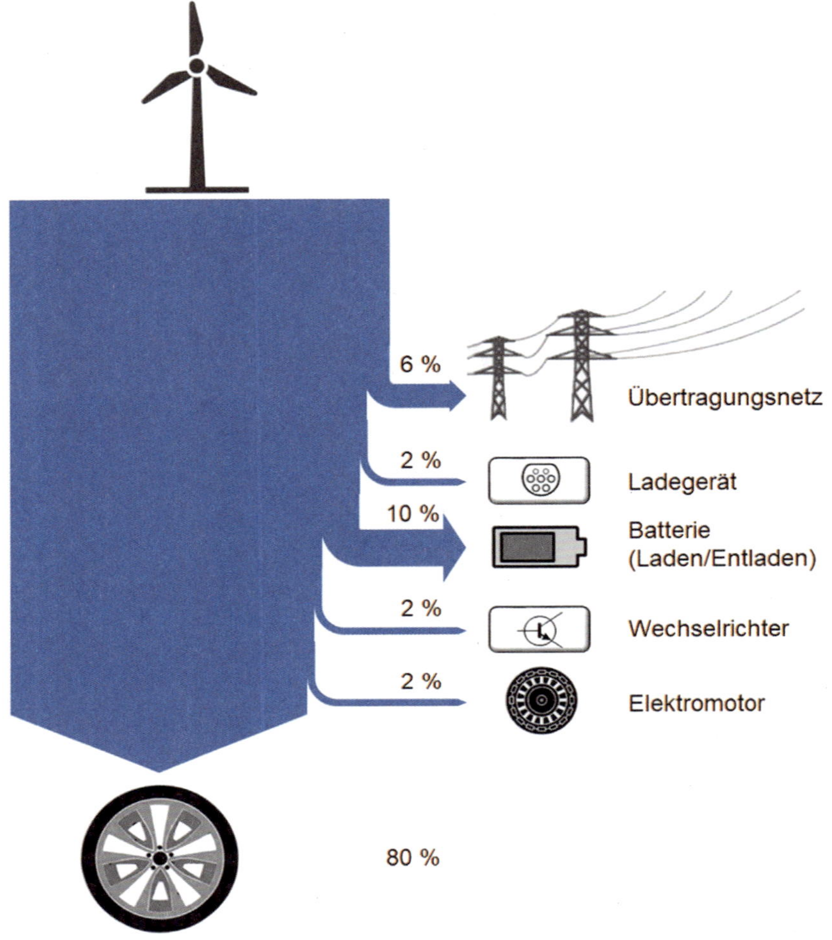

Abb. 34: Energieverluste beim Betrieb eines batterieelektrischen Fahrzeugs

Die Aufstellung besagt, dass 80 % des erzeugten Ökostroms zum Vortrieb des batterieelektrischen Fahrzeugs eingesetzt werden. Dies gilt für das Laden im optimalen Leistungsbereich zwischen 11 und 22 kW. Beim Schnellladen entsteht aufgrund der hohen Ströme mehr Wärme, so dass der elektrische Wirkungsgrad etwas geringer wird. Beim Laden an der Haushaltssteckdose ist zwar der Ladevorgang selbst effizient. Er dauert jedoch wesentlich länger und während der ganzen Zeit laufen elektronische Steuergeräte und Kühlmittelpumpen im Fahrzeug, so dass an dieser Stelle ein Teil des Stroms verloren geht. Der Gesamtwirkungsgrad beträgt jedoch auch in diesem Fall noch etwa 70 %.

6.2 Brennstoffzellenfahrzeug

Erneut wird mit 100 % Ökostrom gestartet. Dieser speist, optimalerweise ortsnahe am Stromerzeuger, einen Elektrolyseur. Diese elektrochemische Anlage zerlegt Wasser in seine Bestandteile, nämlich Wasserstoff und Sauerstoff. Weit verbreitet und gut erprobt ist die alkalische Elektrolyse. Dabei wird dem Wasser Kalilauge zugesetzt, so dass eine gute elektrische Leitfähigkeit des Wassers vorliegt. Als Elektrodenmaterial wird eine Nickellegierung bzw. Nickelplattierter Stahl verwendet. An die beiden Elektroden wird Gleichspannung angelegt. An der negativen Elektrode (Kathode) entsteht Wasserstoff, der aufgefangen und getrocknet wird. An der positiven Elektrode (Anode) entsteht Sauerstoff, der ebenfalls weiterverwendet werden kann. Es ist besonders wichtig, dass die elektrische Spannung kaum höher gewählt wird als physikalisch notwendig, weil sonst nicht nur das Wasser, sondern auch die Kalilauge zersetzt wird. Hilfreich ist jedoch eine moderate Anhebung der Temperatur auf 70 °C bis 90 °C. Allerdings ist in der energetischen Betrachtung dann auch die Heizenergie zu berücksichtigen. Insgesamt kommt man auf einen Wirkungsgrad von etwas über 70 %.[55] Es besteht die Hoffnung, den Wirkungsgrad auf 80 % steigern zu können.[56] Bei einem Elektrolyseur, der den stark schwankenden Überschussstrom aus Windkraftanlagen verarbeiten soll, wird ein Wirkungsgrad von 60 % bis 65 % erzielt.

Der Wasserstoff – soweit er für den Antrieb von Brennstoffzellenfahrzeugen verwendet werden soll – muss nun zur Tankstelle geliefert werden. Hier spielen die chemischen und physikalischen Eigenschaften des Wasserstoffs eine große Rolle, denn sie unterscheiden sich wesentlich von den Eigenschaften anderer Kraftstoffe. Das Wasserstoffmolekül ist sehr klein und diffundiert leicht durch Behälterwände. Stahl wird durch die Einlagerung von Wasserstoff spröde. Erst mit Behältern aus Verbundmaterialien gelingt es, Wasserstoff zu speichern. Wasserstoff ist außerdem sehr leicht. Um eine nennenswerte Masse an Wasserstoff zu transportieren, muss er entweder stark verdichtet oder verflüssigt werden. Im ersten Fall muss ein Kompressor betrieben werden, im zweiten Fall eine Kältemaschine. Die Betriebsenergie dieser Maschinen senkt weiter den Wirkungsgrad des Gesamtprozesses.[57, 58]

---

55 Wikipedia „Elektrolyseur“: Wirkungsgrad zwischen 62,5 % und 80 %

56 Forschungsstelle für Energiewirtschaft „Elektrolyse – Die Schlüsseltechnologie für Power-to-X“

57 Wikipedia „Wasserstoffspeicherung“: Der Energieaufwand für die Komprimierung auf 700 bar beträgt ca. 12 % des Energieinhaltes des Wasserstoffs.

58 Wikipedia „Wasserstoffspeicherung“: Der Energieaufwand (beträgt) 28…46 % für die Verflüssigung je nach Menge und angewandter Methode

Ein Lkw für den Transport von verdichtetem gasförmigem Wasserstoff besitzt heute eine Kapazität von bis zu 1,1 Tonnen bei bis zu 500 bar Nenndruck.[59] Lkw, die flüssigen Wasserstoff im tiefkalten Zustand bei unter -253 °C transportieren, haben eine Zuladung von ca. 4 Tonnen Wasserstoff.[59] In beiden Fällen ist der Wasserstoff der geringste Teil der Lkw-Gesamtmasse. Die Masse beruht im erstgenannten Fall auf dem drucksicheren Behälter, im zweiten Fall auf der aufwändigen Wärmeisolation. Es ist also der übliche Kraftstoffverbrauch des Lkw notwendig für eine vergleichsweise geringe Nutzlast.[60] Überschlägig muss davon ausgegangen werden, dass bei einer künftigen vollständigen Wasserstoffversorgung der Tankstellen etwa sechsmal so viele Lkw fahren wie heute für die Versorgung mit Benzin oder Diesel.

Es gibt derzeit etwa 100 Wasserstofftankstellen in Deutschland.[61] Darunter befinden sich viele Forschungsobjekte, z.B. Tankstellen mit angebautem Elektrolyseur, die den Wasserstoff vor Ort erzeugen, Tankstellen mit Druckspeicher und Tankstellen mit flüssigem Wasserstoff in Kryospeichern. Aus dem Druckspeicher wird der Wasserstoff direkt entnommen. Bei den Kryospeichern verdampft stets Wasserstoff durch Wärmeaufnahme aus der Umgebung oder der Wasserstoff wird bei größeren Entnahmemengen aktiv verdampft, so dass ebenfalls gasförmiger Wasserstoff entnommen werden kann. Für den Tankvorgang wird der Wasserstoff in einem kleineren Druckbehälter auf 700 bar verdichtet, dies ist der vereinbarte Tankdruck für Brennstoffzellenfahrzeuge. Dieser Druckbehälter ist aus Sicherheitsgründen relativ klein, so dass sein Inhalt nur für die Betankung eines oder allenfalls weniger Fahrzeuge genügt. Sollte sich einmal eine größere Zahl Brennstoffzellenfahrzeuge einfinden, entstehen längere Wartezeiten, bis der der Kompressor den 700-bar-Behälter jeweils wieder auf Druck gebracht hat. Der Wasserstoff in dem 700-bar-Behälter muss außerdem jeweils wieder auf -40 °C heruntergekühlt werden.

Insgesamt erfordert die gesamte Versorgungskette und der Betrieb der Tankstellen einen hohen Aufwand an Kühlmaschinen und Kompressoren; man schätzt, dass ein Aufschlag von 20 % bis 50 % der im Fahrzeug angelieferten Energie dafür verwendet werden.

---

59 EMCL „Wann lohnt sich der Transport von Wasserstoff per Pipeline?"

60 Wikipedia „Wasserstoffspeicherung": Der Energieaufwand beträgt 6 % für den Transport zwischen Verflüssigungsstation und Tankstelle (bei Diesel- und Ottokraftstoffe 0,2 %)

61 Ecomento.de „Deutschland jetzt mit 87 Wasserstoff-Tankstellen". Bis Ende 2020 wird mit 100 H_2-Tankstellen gerechnet.

In der Brennstoffzelle wird der Wasserstoff zur Erzeugung des Fahrstroms benutzt. Die Brennstoffzelle setzt etwa 65 % der chemischen Energie des Wasserstoffs in elektrische Energie um. Die weiteren Wirkungsgrade – Wechselrichter und Elektromotor – sind wie beim batterieelektrischen Fahrzeug,

Insgesamt ergibt sich folgende Aufstellung:

	Wirkungsgrad	Verluste
Elektrolyseur	70 %	30 %
Kompressoren / Kühlmaschinen Versorger	72 %	28 %
Transport Wasserstoff	94 %	6 %
Kompressoren / Kühlmaschinen Tankstelle	90 %	10 %
Brennstoffzelle	65 %	35 %
Wechselrichter	98 %	2 %
Elektromotor	98 %	2 %
Gesamt	**27 %**	**73 %**

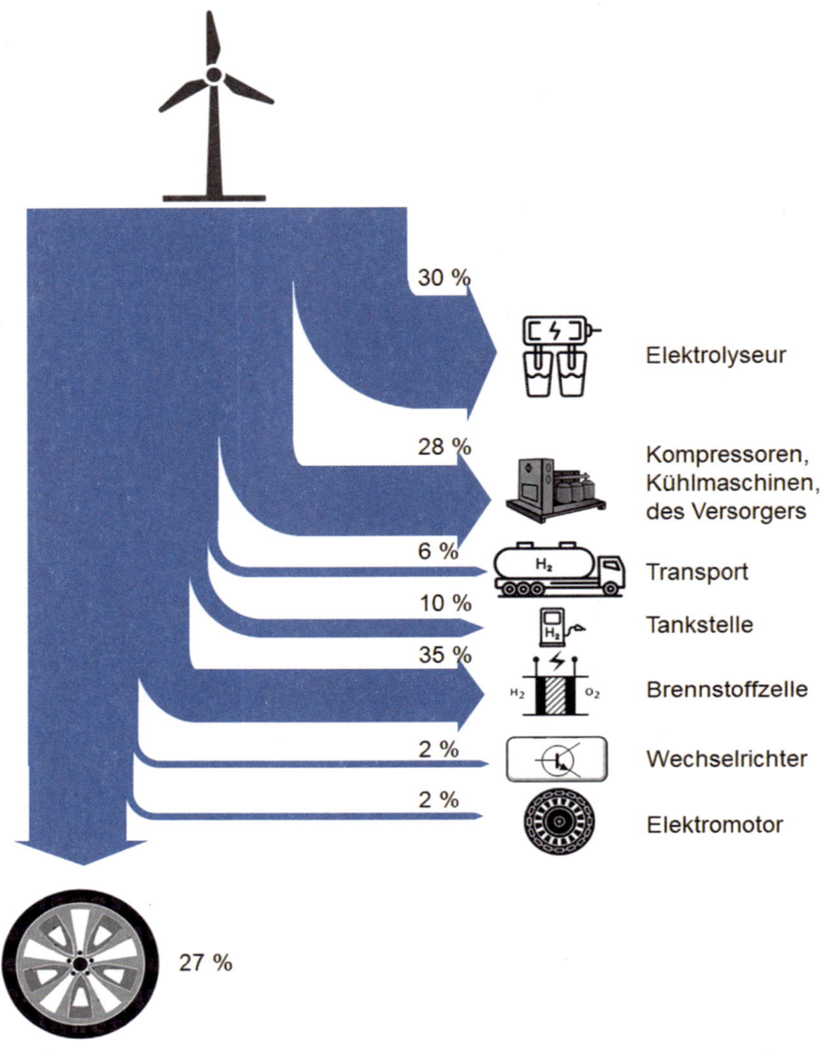

Abb. 35: Energieverluste beim Betrieb eines Brennstoffzellen-Fahrzeugs

6.3 Verbrennungsmotorisches Fahrzeug mit Synthese-Kraftstoff

Um CO_2-neutralen synthetischen Kraftstoff herzustellen, beginnt man wieder mit Strom aus erneuerbaren Energien und erzeugt im Elektrolyseur Wasserstoff wie zuvor beschrieben. Diesen Wasserstoff bringt man mit CO_2 aus einem Verbrennungsprozess zusammen, zum Beispiel aus einem Fernwärme-Heizkraftwerk oder einer Zementfabrik. Optimal wäre CO_2 aus einem Biomasse-Kraftwerk, weil dann die CO_2-Komponente ebenfalls klimaneutral wäre. Es gibt sogar Überlegungen, das Kohlendioxid aus der Luft auszuwaschen.

Aus beiden Gasen entsteht im ersten Schritt Methan. Methan könnte auch direkt in einem Erdgasmotor verbrannt werden. Methan, Erdgas und Biogas sind nämlich (bis auf eventuelle Verunreinigungen) die gleiche chemische Substanz Methan CH_4.

In einem weiteren Schritt wird Methan zu organischen Substanzen mit längeren Kohlenstoffketten verarbeitet. So entsteht synthetisches Benzin, synthetischer Dieselkraftstoff oder synthetisches Kerosin.

Der Energieinhalt dieser Kraftstoffe wird im Verbrennungsmotor in Antriebsenergie umgewandelt. Dies geschieht jedoch mit erheblichen Verlusten in Form von Abwärme. Die Wärme entsteht einerseits im Verbrennungsmotor selbst und muss über das Kühlsystem an die Umgebung abgegebenen werden. Andererseits wird Wärme mithilfe der Abgase in die Umwelt abgegeben. Letztlich kommt bestenfalls ein Viertel der chemischen Energie des Kraftstoffs dem Vortrieb zugute. Der einzige Vorteil dieses verschwenderischen Umgangs mit Energie ist die Fahrzeugheizung. Es muss bei kalten Außentemperaturen kein Heizkörper mit der Energie aus dem Tank beziehungsweise der Batterie betrieben werden, die Abwärme reicht in den meisten Fällen aus.

Kuriosität am Rande: Trotz der reichlich zur Verfügung stehenden Wärme haben insbesondere Dieselfahrzeuge einen elektrischen Zuheizer, der zeitnah nach dem Fahrzeugstart für angenehme Wärme sorgt und damit den Kraftstoffverbrauch weiter hochtreibt.

Die hohen Verluste des Verbrennungsmotors haben nichts mit Unvermögen der Entwickler zu tun, sondern beruhen auf einem physikalischen Prinzip, das von dem französischen Physiker Nicolas Léonard Sadi Carnot bereits 1824 beschrieben wurde. Der Wirkungsgrad η einer Wärmekraftmaschine (gilt auch für Dampfmaschinen) ist abhängig von der heißesten und der kältesten Temperatur während eines Zyklus.

$$\eta = \frac{T_h - T_k}{T_h} = 1 - \frac{T_k}{T_h}$$

T_h heißeste Temperatur,
T_k kälteste Temperatur
jeweils in der absoluten Temperaturskala (Grad Kelvin)

Demnach hat ein Ottomotor (Benzin oder Gas) bestenfalls einen Wirkungsgrad von 38 % und ein Dieselmotor von 45 %. Die Formel erklärt zum Beispiel den höheren Wirkungsgrad des Dieselmotors durch dessen höhere Verbrennungstemperatur T_h. Sie erklärt auch, warum in Turbolader- oder Kompressormotoren die verdichtete heiße Ansaugluft im Ladeluftkühler wieder gekühlt wird: T_k wird kleiner.
Die genannten Prozentwerte treffen allerdings nur im optimalen Betriebspunkt des Verbrennungsmotors zu. In einem Pkw-Motor, der in einem weiten Drehzahlbereich und unter variierenden Lastverhältnissen arbeiten muss (also suboptimal), beträgt der Wirkungsgrad eines Ottomotors etwa 20 % und der eines Dieselmotors ungefähr 25 %.

Insgesamt ergibt sich folgende Aufstellung:

	Wirkungsgrad	Verluste
Elektrolyseur	70 %	30 %
Methansynthese	75 %	25 %
Kraftstoff-Synthese[62]	80 %	20 %
Transport / Tankstelle	95 %	5 %
Verbrennungsmotor	25 %	75 %
Gesamt	**10 %**	**90 %**

62 Die Kraftstoffsynthese allein betrachtet besitzt einen schlechteren Wirkungsgrad von 54 %. Wenn jedoch die Abwärme der Kraftstoffsynthese zur Erwärmung des Elektrolyseurs genutzt werden kann, ergibt sich in etwa der hier genannte bessere Wirkungsgrad. Dies ist allerdings noch nicht technisch erprobt.

Beim Verbrennungsmotor, betrieben mit synthetischem Kraftstoff, kommt also etwa ein Zehntel der ursprünglich eingesetzten Energie dem Vortrieb zugute.

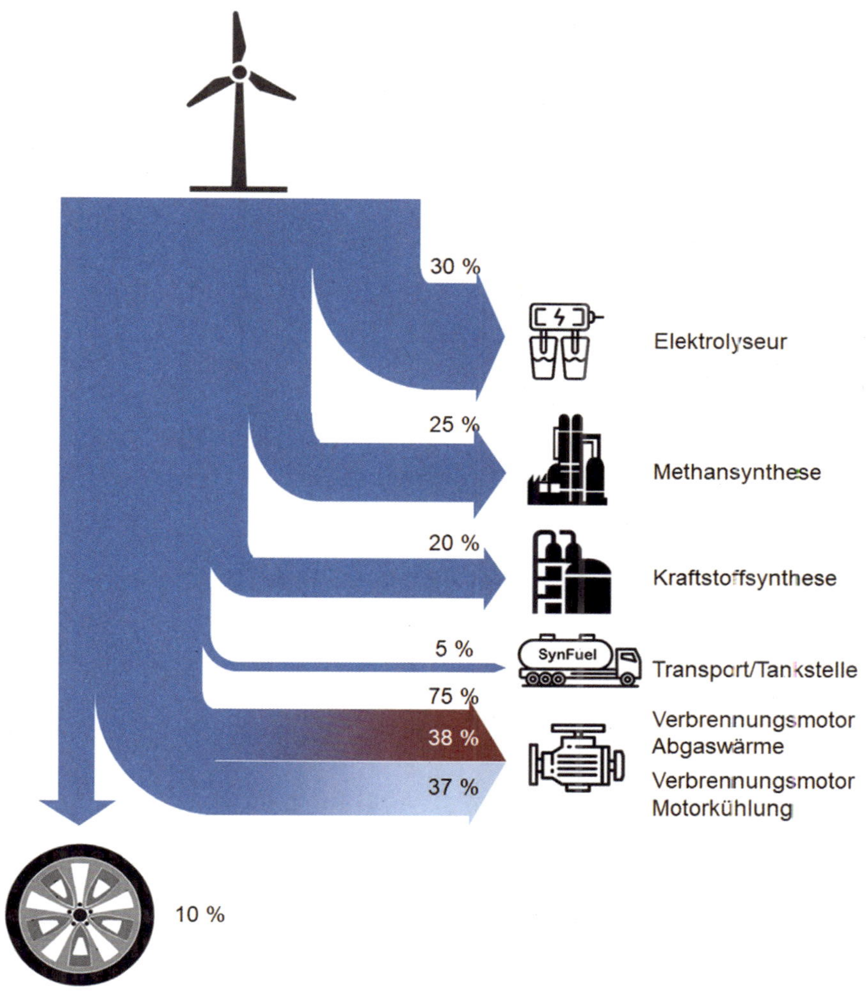

Abb. 36: Energieverluste beim Betrieb eines verbrennungsmotorischen Fahrzeugs mit synthetischem Kraftstoff

6.4 Fazit

Für CO_2-freies Fahren braucht man mit dem Brennstoffzellenfahrzeug etwa dreimal mehr Primärenergie als mit dem batterieelektrischen Fahrzeug. Bei der Verwendung synthetischer Kraftstoffe wird etwa die achtfache Primärenergie benötigt.

Allerdings ist der Primärenergieverbrauch nur ein Aspekt. Auf der Kostenseite sieht der Unterschied vielleicht nicht ganz so dramatisch aus. Photovoltaik aus großen Anlagen und Onshore-Windkraft haben derzeit die geringsten Stromgestehungskosten von allen Stromerzeugern. Offshore-Windkraftanlagen holen weiter auf. Die Tendenz scheint weiter in diese Richtung zu gehen, dass die alternativen Energien auch die preiswertesten sind.[63]

Deshalb spielt der Primärenergiebedarf vielleicht nicht so eine riesige Rolle aus Sicht des Endverbrauchers. Während derzeit Strom in Privathaushalten etwa 0,14 Euro pro Kilowattstunde (ohne Steuern und Abgaben) kostet, wird synthetischer Kraftstoff auf einen Literpreis von 4,50 Euro (vor Steuern) geschätzt; dies entspricht 0,45 Euro pro Kilowattstunde chemischer Energie. Mineralischer Kraftstoff ist dagegen heute mit einem Produktpreis von 0,04 bis 0,05 Euro pro Kilowattstunde (ebenfalls ohne Steuern und Abgaben) ruinös billig.

Weitere Preissenkungen bei synthetischem Kraftstoff sind nicht ausgeschlossen. In einer Studie der DENA und der Ludwig-Bölkow-Systemtechnik[64] gehen die Autoren davon aus, dass im Jahr 2050 der Kilometer Fahrstrecke mit einem batterieelektrischen Auto rund 2,6 Euro-Cent kostet (ohne Steuern, ohne Inflation), der Kilometer mit einem verbrennungsmotorischen Fahrzeug mit synthetischem Kraftstoff zwischen 5,8 Euro-Cent und 9,1 Euro-Cent kostet (ebenfalls ohne Steuern, ohne Inflation). Die Spanne hängt vom Elektrolyseverfahren und der Quelle des CO_2-Bezugs ab. Bei außereuropäischer Produktion (vgl. Kapitel 10) sinken die Preise des Synthesekraftstoffs noch einmal.

63 Fraunhofer ISE: Studie zu Stromgestehungskosten 2018
64 DENA und Ludwig-Bölkow Systemtechnik:
The potential of electricity based fuels for low emission transport in the EU

7. Vor- und Nachteile der Konzepte

7.1 Batterieelektrisches Fahrzeug

Das batterieelektrische Fahrzeug punktet mit einer Reihe von Vorteilen:

- Das batterieelektrische Fahrzeug ist leise und daher akustisch äußerst komfortabel.
- Das batterieelektrische Fahrzeug ist lokal völlig abgasfrei.
- Der Elektromotor ist durchzugsstark und kann kurzzeitig (z.B. während eines Überholvorgangs) über seine Nennleistung hinaus belastet werden.
- Ein batterieelektrisches Fahrzeug ist einfach aufgebaut. Deshalb sind nur geringe Servicekosten zu erwarten.
- Seine Batteriekapazität reicht im Alltag in den allermeisten Fällen aus.
- Die Batterie hat eine Lebensdauer, die der des Fahrzeugs entspricht. Oftmals ist die Batterie nach der Nutzung im Fahrzeug noch als Stationärspeicher zu gebrauchen.
- Aus den Batterien können an deren Nutzungsende zu 95 % die Materialien wiedergewonnen werden.
- Das batterieelektrische Fahrzeug kann zuhause (z.B. über Nacht) oder am Arbeitsplatz geladen werden, außerdem an vielen Einkaufsmärkten. Für diese Normalladung reicht eine Standard-Wallbox oder gar eine Haushaltssteckdose völlig aus. In vielen Fällen muss also keine Ladestation angefahren werden.

Folgende Nachteile werden häufig genannt:

- Die Reichweite ist beschränkt. Allerdings besitzen moderne batterieelektrische Autos meist eine Reichweite von 300 km, einige Autos sogar 500 – 700 km.

- Das Aufladen dauert lange. Beim Aufladen zuhause oder am Arbeitsplatz fällt jedoch keine Wartezeit an; das Fahrzeug steht dort sowieso längere Zeit. Unterwegs steuert man Schnellladestationen entlang der Hauptverkehrsachsen an, die mit 50, 100 oder bis 350 kW Ladeleistung das Aufladen in einer Viertelstunde bis halbe Stunde erledigen. Oftmals muss man das Fahrzeug überhaupt nicht vollladen; eine Ladung um das Fahrtziel sicher zu erreichen genügt.

- Batterieelektrische Fahrzeuge sind teuer. Dies stimmt derzeit noch. Allerdings ist das Antriebssystem deutlich einfacher aufgebaut als bei den konkurrierenden Fahrzeugen und es ist nur eine Frage der Skalierung bei wachsenden Stückzahlen, bis die Preise unter diejenigen eines Fahrzeugs mit Brennstoffzelle oder Verbrennungsmotor fallen.

7.2 Brennstoffzellenfahrzeug

Das Brennstoffzellenfahrzeug weist eine ganze Reihe von Vorteilen auf:

- Brennstoffzellenfahrzeuge sind leise, aber nicht wirklich ganz leise. Die Gaskompressoren verursachen ein geringes aber stets vorhandenes Geräusch.
- Die Brennstoffzellenfahrzeuge erzeugen keine Abgase im klassischen Sinn. Sie emittieren jedoch Wasserdampf, der in kalter Umgebungsluft kondensieren oder gefrieren kann.
- Wie beim batterieelektrischen Fahrzeug ist der Elektromotor durchzugsstark und kann kurzzeitig (z.B. während eines Überholvorgangs) über seine Nennleistung hinaus belastet werden.
- Brennstoffzellenfahrzeuge haben eine hohe Reichweite. Nicht ganz so groß wie bei einem Fahrzeug mit Verbrennungsmotor, aber in der Praxis gibt es keinen wesentlichen Unterschied.
- Brennstoffzellenfahrzeuge sind schnell wieder aufgetankt, ähnlich wie Fahrzeuge mit Verbrennungsmotor. Dies gilt aber nur, wenn nicht direkt zuvor ein anderes Fahrzeug Wasserstoff getankt hat. In diesem Fall muss der Kompressor in der Tankstelle erst wieder den Tankdruck von 700 bar herstellen, was auch mal ein Weilchen dauern kann.

Nachteilig ist:

- Die Brennstoffzelle ist recht empfindlich auf Verunreinigungen. Insbesondere die Ansaugluft muss sehr sorgfältig gereinigt werden. Wegen dieser Empfindlichkeit rechnet man nicht mit einer so langen Lebensdauer wie bei batterieelektrischen Fahrzeugen.

- Brennstoffzellenfahrzeuge besitzen mit all ihren Pumpen und Ventilen einen durchaus komplexen Aufbau. Es muss deshalb mit erhöhten Servicekosten (im Vergleich zum batterieelektrischen Fahrzeug) gerechnet werden.

- Brennstoffzellen können derzeit nur an wenigen Tankstellen betankt werden. Es besteht fast keine flächendeckende Infrastruktur. Während es (Stand 2019) 14.459 Tankstellen mit durchschnittlich jeweils sechs Zapfsäulen gibt und 24.000 Ladestationen für batterieelektrische Fahrzeuge, stehen nur knapp 100 Wasserstofftankstellen in Deutschland zur Verfügung. Im europäischen Ausland sieht es noch schlechter aus: Großbritannien 14, Frankreich 12, Dänemark 10, Schweden, Spanien, Österreich jeweils 5, Italien 3 Tankstellen. Viel Spaß bei der Urlaubsreise!

- Selbst bei einer angenommenen gut ausgebauten Infrastruktur werden Brennstoffzellenfahrzeuge niemals zuhause, am Arbeitsplatz, bei Freunden oder beim Einkaufsmarkt betankt werden können, wie dies mit batterieelektrischen Fahrzeugen möglich ist.

7.3 Verbrennungsmotorisches Fahrzeug mit synthetischem Kraftstoff

Synthetischer Kraftstoff, CO_2-neutral erzeugt, bietet eine Reihe von Vorteilen:

- Das bisherige Verteilsystem und das Tankstellennetz können weiterhin benutzt werden.
- Die Fahrzeuge fahren CO_2-neutral; dies betrifft nicht nur neue Fahrzeuge, sondern auch den Bestand an Altfahrzeugen. Man müsste also nicht warten, bis der Bestand an Fahrzeugen ausgetauscht ist, sondern könnte mit der entsprechenden Belieferung der Tankstellen den Bestand sehr schnell klimaneutral machen.

Dem stehen allerdings wesentliche Nachteile gegenüber:

- Die Herstellung des synthetischen Kraftstoffs erfordert wegen der Prozessschritte große Strommengen, die anders vielleicht sinnvoller genutzt wären.
- Der synthetische Kraftstoff wird teurer als der mineralische sein.
- Verbrennungsmotoren nutzen den Kraftstoff schlecht aus; dies wurde bereits oben erläutert. So ergeben sich hier nochmals höhere Kosten bei vergleichbaren Fahrleistungen.
- Auch wenn synthetische statt mineralischer Kraftstoffe verwendet werden, besteht weiterhin das Problem des Schadstoffausstoßes, wenn auch vielleicht in etwas geringerem Maße. Die größten Probleme stellen Stickoxide und Feinstaub dar, die auch bei der Verbrennung synthetischer Kraftstoffe entstehen.
- Verbrennungsmotoren sind mehr (Sportwagen) oder weniger (Limousinen) laut. Die Lärmemission an viel befahrenen Straßen stellt ein Problem für die Anwohner dar. Nicht nur die stofflichen Emissionen, sondern auch die Lärmemission kann zu Erkrankungen führen.

8. Andere Verkehrsträger

Die Betrachtungen gingen, entsprechend eingangs beschriebener Situation, von Fahrzeugen des Individualverkehrs aus, insbesondere von Pkw. Hier schlägt das Pendel eindeutig zugunsten des batterieelektrischen Antriebs aus. Wie sieht es jedoch bei anderen Verkehrsträgern aus? Bei öffentlichem Personenverkehr, Güterverkehr, Schienenverkehr, Schiffsverkehr und Flugverkehr?

8.1 Stadtomnibus

Abb. 37: Stadtomnibus, © Daimler Truck AG

Ein Stadtomnibus kann problemlos elektrisch betrieben werden. Die gesamte tägliche Fahrstrecke ist hinreichend gering, so dass bei entsprechender Batterieausstattung keine Reichweitenprobleme zu erwarten sind. Die Aufladung erfolgt nachts im Betriebshof. Zusätzlich können Endstationen, an denen der Fahrer sowieso eine Pause einlegen muss, mit Ladestationen ausgestattet werden.

8.2 Fernbus

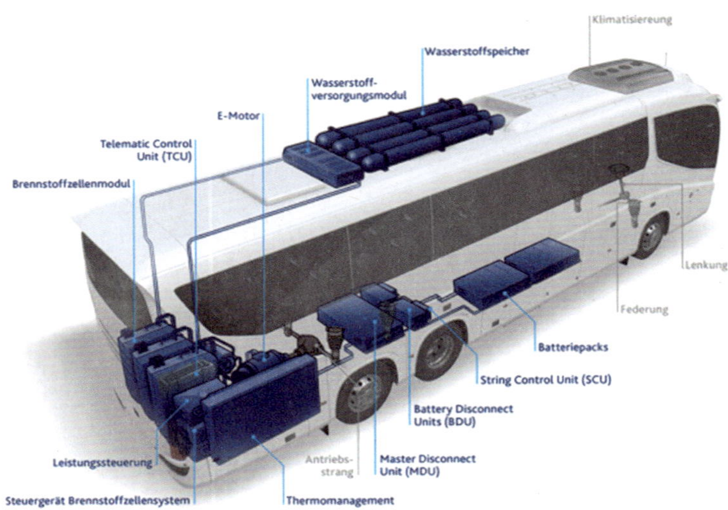

Abb. 38: Konzept eines Fernbusses mit Brennstoffzellentechnik,
© Freudenberg Sealing Technologies GmbH & Co. KG

Für einen Fernbus wird die Reichweite eines batterieelektrischen Antriebs kaum ausreichen. Hier werden voraussichtlich Brennstoffzellenantriebe oder Verbrennungsmotoren zum Einsatz kommen.

8.3 Verteilerverkehr

Abb. 39: Lieferwagen, © Streetscooter GmbH

Der Verteilerverkehr, also typisch die Belieferung von Geschäften und Haushalten mit Waren, benötigt keine sehr großen Reichweiten. Ein Tagespensum ist mit dem batterieelektrischen Antrieb zu bewältigen. Aufgeladen wird nachts in der Spedition oder dem Verteilzentrum.

8.4 Lkw-Fernverkehr

Abb. 40: Brennstoffzellen-Lkw Xcient Fuel Cell, © Hyundai Motor Deutschland GmbH

Der Lkw-Fernverkehr ist eher ein Kandidat für den Brennstoffzellenantrieb oder den Antrieb durch einen Verbrennungsmotor. Im Fernverkehr werden zwei Fahrzeugtypen unterschieden: Solche die auf maximale Zuladung ausgelegt sind und solche, die auf maximales Transportvolumen ausgelegt sind. Im ersten Fall würde die Batterie, die für Fernstrecken ja recht groß und entsprechend schwer sein müsste, ein hohes Leergewicht des Fahrzeugs ergeben.

Bei gesetzlich begrenztem maximalem Gesamtgewicht bliebe also zu wenig Nutzlast übrig. Ist das Fahrzeug auf maximales Volumen ausgelegt, würde das Batteriegewicht vielleicht nicht die entscheidende Rolle spielen. Es ginge aber (bei gesetzlich begrenzten Außenmaßen des Fahrzeugs) kostbares Transportvolumen verloren. Gleiches gälte auch für die voluminösen Wasserstofftanks bei Brennstoffzellenantrieb.

Ein weiterer Punkt, der gegen batterieelektrische Lkw-Antriebe im Fernverkehr spricht, ist die Infrastruktur. Die Lkw befinden sich selten in der Spedition, wo deren Batterien aufgeladen werden könnten. Meist stehen sie während der vorgeschriebenen Lenkpausen und Ruhezeiten auf Autobahnrastplätzen. Es wäre wohl eine Illusion, die Rastplätze flächendeckend mit Ladestationen auszustatten. Zudem müsste eine Lkw-Ladestation eine Ladeleistung etwa 1 MW aufweisen, um die Batterie während der Standzeit wieder aufzuladen. Diese Ladeleistung multipliziert mit der Zahl der geparkten Fahrzeuge ergäbe eine Anschlussleistung eines typischen Rastplatzes der bereits knapp im Gigawattbereich läge.

8.5 Schienenverkehr (auf nicht-elektrifizierten Strecken)

Nur gut die Hälfte des Schienennetzes der Bahn in Deutschland ist elektrifiziert (20 726 Kilometer von insgesamt 38 466 Kilometer)[65]. Allerdings ist die Auslastung der elektrifizierten Strecken höher als die der nicht-elektrifizierten Strecken. Zudem engagiert sich die Bundesbahn, für den Betrieb der Züge Strom aus erneuerbaren Energien einzukaufen.[66] Derzeit beträgt der Ökostromanteil der Bahn 61 %; bis 2030 will die Deutsche Bahn komplett auf Ökostrom umgestellt haben.

Abb. 41: Brennstoffzellen-Nahverkehrszug, © Erich Westendarp/Pixabay

Dennoch bleiben vor allem im Regionalverkehr Zugverbindungen, die nach wie vor mit Dieselloks oder Dieseltriebwagen fahren. Die Deutsche Bahn testet Triebwagen sowohl mit Batteriebetrieb[67] als auch mit Brennstoffzelleantrieb[68]. Der Kauf solcher Triebwagen samt Installation der Lade- beziehungsweise Tankinfrastruktur erfordert nämlich geringere Investitionen als die Elektrifizierung der Nebenstrecken mit Oberleitungen.

Im Vergleich schlägt sich der batterieelektrische Zug besser als der Brennstoffzellen-Zug. Laut VDE ist der Brennstoffzellenzug um 35 % teurer als der batterieelektrische Zug. Zudem berichtet die Studie des VDE[69]: „Die Wirtschaftlichkeit von batteriebetriebenen Zügen ist signifikant höher als die von wasserstoffbetriebenen."

Wichtig ist in diesem Zusammenhang: Die Bahn rechnet mit einer Einsatzdauer der Triebwagen von 30 Jahren. Bei dem Ziel einer CO_2-freien Zukunft in 2050 muss also die Entscheidung der Bahn kurzfristig fallen.

---

65 Wissenschaftlicher Dienst des Deutschen Bundestages: Sachstand – Elektrifizierungsgrad der Schieneninfrastruktur (2018)
66 Deutsche Bahn: Mit Ökostrom ans Reiseziel
67 Handelsblatt 16.10.2019: Dieser Batterie-Zug soll bald die Dieselloks ablösen
68 Deutsche Welle: Der Erste ohne Emissionen: Brennstoffzellen-Zug startet.
69 Handelsblatt 12.08.2020: Studie: Batteriezug schlägt Wasserstoff-Triebwagen

8.6 Hochseeschifffahrt

Hochseeschiffe fahren in der Regel mit Schweröl, was besonders umweltschädlich ist. Moderne Schiffe besitzen allerdings oft zusätzlich einen Gasmotor oder einen batterieelektrischen Antrieb, um auf sensiblen Strecken und in Häfen mit geringem Schadstoffausstoß fahren zu können.

Für die Zukunft werden viele Modelle diskutiert, was wiederum anzeigt, dass hier noch keine klare Marschrichtung vorliegt.[70] Kurzfristig könnte von Schweröl auf Diesel umgestiegen werden. Allerdings ist Diesel teurer als Schweröl und erfordert zusätzlich einen SCR-Katalysator, der mit AdBlue® gespeist werden muss, um wenigstens auf das Abgasverhalten moderner Pkw-Dieselmotoren zu kommen. Hinsichtlich des CO_2-Ausstoßes ist damit noch nicht viel gewonnen, es sei denn man setzt synthetischen Diesel ein (s.o.). Auch Gasmotoren, sei es mit Flüssiggas oder Erdgas, werden diskutiert. Für die weitere Zukunft werden außer synthetischem Diesel auch andere alternative Kraftstoffe diskutiert: synthetisches Methan CH_4 oder synthetisches Ammoniak NH_3.

Abb. 42: Frachtschiff mit vier Dyna-Rigg-Segel, Illustration, © Hajo Schörle

Abb. 43: Frachtschiff mit Zugdrachen, Illustration, © Hajo Schörle

70 Wissenschaftlicher Dienst des Deutschen Bundestages: Maßnahmen zur Minderung von Emissionen in der Schifffahrt, alternative Kraftstoffe und Antriebe

Abb. 44: Frachtschiff mit Flettner-Rotoren, Illustration, © Hajo Schörle

Abb. 45: Rumpfsegler, Illustration, © Hajo Schörle

Daneben denkt man aber auch an die Nutzung der Windkraft. Schließlich war diese in den vergangenen Jahrhunderten die einzige Energiequelle für den transatlantischen Schiffsverkehr. Es geht aber weniger um den klassischen Dreimaster, als vielmehr um Segelmaster, Zugdrachen, Flettner-Rotoren oder Rumpfsegler. Die Windkraft dient in allen Fällen nur dazu, den motorischen Antrieb bei günstigen Windverhältnissen teilweise oder vielleicht auch mal ganz zurücknehmen zu können.

Auch batterieelektrische Antriebe kommen in den Überlegungen vor, teilweise unterstützt durch Solarzellen an Bord.

8.7 Binnenschifffahrt

In der Binnenschifffahrt ergeben sich aufgrund der kürzeren Distanzen als in der Hochseeschifffahrt andere Verhältnisse. Der CO_2-Ausstoß pro Frachtaufkommen liegt zwischen dem von Lkw (schlechter) und der Bahn (besser).

Bei der Flussschiffahrt wird man voraussichtlich auf herkömmliche Kraftstoffe sowie Erdgas setzen, die in Zukunft synthetisch hergestellt werden.[71]

Abb. 46: Solarfähre Helio, © Wattewyl/Wikipedia

Es gibt bereits solar und batterieelektrisch angetriebene Fähren, zum Beispiel am Bodensee.

71 Binnenschifffahrt, das Magazin für Technik und Logistik 01.02.2018: Emissionen im Vergleich

8.8 Flugverkehr

Beim Flugverkehr stehen derzeit nicht viele Alternativen zur Diskussion. Abgesehen von Kurzstreckenflugzeugen können Batterien in Linienmaschinen kaum eingesetzt werden. Sie sind bei der nötigen Kapazität für Fernstrecken zu schwer.

Brennstoffzellenantriebe erscheinen machbar, aber es ist auch nicht einfach, die Drucktanks in einem Passagierflugzeug unterzubringen.

Es kommt eine weitere Überlegung hinzu: Flugzeuge im Fernverkehr werden durch den Verbrauch des Treibstoffs im Verlaufe des Flugs leichter und damit sparsamer; nur so erreichen sie die geplanten Reichweiten. Es spricht also Vieles dafür, dass Flugzeuge künftig mit synthetischem Kerosin fliegen.

8.9 Fazit

Auch Wasserstoff und synthetische Kraftstoffe haben ihre Berechtigung, wenn es um die häufige Überbrückung großer Distanzen im Linienverkehr oder Warentransport geht. Auch im Pkw-Sektor gibt es Situationen, die mit dem Nutzverkehr vergleichbar sind: wenn täglich große Strecken zurückgelegt werden, wie zum Beispiel bei einem Handelsvertreter. In diesem Fall spricht vieles eher für ein Brennstoffzellenfahrzeug als für ein batterieelektrisches Fahrzeug.

9. Überschussstrom und Dunkelflaute

Es gibt bereits heute Tage – sonnig mit frischer Brise –, an denen mehr Ökostrom durch Windkraftanlagen und Photovoltaik erzeugt wird, als das Netz aufnehmen kann. In solchen Fällen werden die Windkraftanlagen abgeschaltet, um das Netz durch den Überschussstrom nicht zu überlasten. Kostbare Windenergie von den Windkraftanlagen kann also nicht genutzt werden. Bei einem weiteren Ausbau der erneuerbaren Energien wird diese Situation noch häufiger auftreten.

Da liegt es nahe, die Windkraftanlagen weiterlaufen zu lassen, den Strom für die Wasser-Elektrolyse zu nutzen und den Wasserstoff zu speichern. Davon träumen die Verfechter des Brennstoffzellenantriebs und des synthetischen Kraftstoffs: Sozusagen „geschenkten" Überschussstrom zur Wasserstoff- bzw. Kraftstoffherstellung zu nutzen; dann spielt der schlechtere Wirkungsgrad keine Rolle mehr.

Dem ist aber nicht so, wie eine Überschlagsrechnung zeigt. „In Deutschland wird jedes Jahr rund 0,5 Prozent der gesamten erzeugten Strommenge abgeregelt. Das entspricht in etwa 5 Terawattstunden (TWh). Rechnet man einen 70-prozentigen Wirkungsgrad der Elektrolyseure hinzu, würden 3,5 TWh an Wasserstoff entstehen. Bei einer Umwandlung zu Kohlenwasserstoffen wäre der Wirkungsgrad noch schlechter, und damit auch die Ausbeute. Der Gesamtbedarf für die Mobilität liegt in Deutschland jedoch bei gut 768 TWh im Jahr. Die Überschuss-PtX-Potenziale würden also gerade mal ein halbes Prozent am gesamten Energieverbrauch abdecken können."[72,73]

Und dann gibt es da noch das Gegenstück zum Überschussstrom: die Dunkelflaute, also Tage (oder Nächte!) an denen die Photovoltaik nichts liefert und der Wind nicht weht. Da die Sicherheit der Stromversorgung den Vorrang genießt, ist geplant in diesen Fällen den erzeugten Wasserstoff mit Hilfe von Brennstoffzellen wieder zurück zu verstromen und das Stromnetz zu stabilisieren. Da bleibt nichts für den Verkehrssektor übrig.

72 Springer Professional 05.03.2020: Überschussstrom reicht nicht für Power-to-X

73 Die hier genannte Zahl von 768 TWh pro Jahr bezieht sich auf einen Verkehrssektor der ausschließlich mit synthetischen Kraftstoffen versorgt wird, vgl. nachfolgende Diskussion.

Um den Wasserstoff – ob aus Überschussstrom oder regulär aus dem Stromnetz - konkurrieren allerdings noch andere Bereiche außerhalb des Verkehrssektors. Auch diese stehen unter dem Druck, ihre Prozesse zu decarbonisieren, das heißt zu produzieren ohne CO_2 zu emittieren. Darüber mehr im folgenden Kapitel.

10. Künftiger Wasserstoffbedarf

10.1 Stahlindustrie

Wasserstoff darf nicht nur in seiner Rolle als Kraftstoff gedacht werden. Wasserstoff ist auch Betriebsstoff in etlichen industriellen Bereichen. Einige Beispiele:

Die Stahlindustrie setzt, vereinfacht ausgedrückt, seit Jahrhunderten auf die Formel

Eisenerz + Koks → Roheisen + CO_2

Zum geringeren Teil kommt auch die Schmelze im elektrischen Lichtbogen zum Einsatz. Während sich der zweitgenannte Prozess durch Einsatz von Ökostrom klimaneutral gestalten ließe, muss im erstgenannten Prozess umgedacht werden:

Eisenerz + Wasserstoff → Roheisen + Wasserdampf

Dieser Prozess ist noch in der Erforschung; verschiedene kleinere Hochöfen sind in Betrieb. Soll die komplette Stahlindustrie umgestellt werden, ergibt sich hier ebenfalls eine große Nachfrage nach „grünem" Wasserstoff: Es werden allein für Deutschland 38 bis 56 TWh Wasserstoff pro Jahr abgeschätzt.[74] Dies entspricht 54 bis 80 TWh Ökostrom. Die Stahlindustrie dagegen schätzt den künftigen (2050) Wasserstoffbedarf sogar auf 130 TWh.[75]

---

74 Fraunhofer-Institut für System- und Innovationsforschung ISI und Fraunhofer-Institut für Solare Energiesysteme ISE: Eine Wasserstoff-Roadmap für Deutschland

75 Stahl online 23.05.2019: Der Beitrag der Stahlindustrie zu einer klimaneutralen Wirtschaft in 2050

10.2 Mineralöl-Industrie

Als nächstes Beispiel ein Blick auf die Mineralölindustrie. Auch wenn klimaneutrale Kraft- und Brennstoffe in Zukunft sich durchsetzen, so wird doch noch lange die Mineralölindustrie daneben existieren. Im Raffinerieprozess werden Benzin, Diesel und Heizöl entschwefelt. Ohne die Entschwefelung würde bei der Verbrennung Schwefeldioxid entstehen, das in der Vergangenheit zu saurem Regen und dieser wiederum zum Waldsterben geführt hat. Heute setzt man Wasserstoff ein, der sich mit dem Schwefel zu Schwefelwasserstoff verbindet und aus den Kraft- und Brennstoffen herausgefiltert wird. Auch hier entsteht in einer Übergangsphase die Nachfrage nach grünem Wasserstoff statt Wasserstoff aus Erdgas.

10.3 Chemische Industrie

Ein weiterer großer Player ist die chemische Industrie.

Ammoniak (NH_3) ist eines der wichtigsten und häufigsten Produkte der chemischen Industrie. Dieses wird technisch überwiegend nach dem Haber-Bosch-Verfahren aus Luftstickstoff und Wasserstoff hergestellt; der Wasserstoff wiederum durch Dampfreformierung aus Erdgas. Heute beträgt die Weltjahresproduktion von Ammoniak etwa 125 Millionen Tonnen. Circa 3 % der weltweit produzierten Energie wird für die Herstellung von Ammoniak eingesetzt. Der Großteil der Ammoniakproduktion wird als Ausgangsstoff für Düngemittel verwendet. Ammoniak kann auch direkt als Kraftstoff eingesetzt werden; dies wird vor allem in der Schifffahrt erwogen (s.o.). Soll für die Ammoniaksynthese der Wasserstoff statt aus Erdgas durch Elektrolyse gewonnen werden, so entsteht hier ebenfalls eine gigantische Nachfrage nach Ökostrom.

Methanol (CH_3OH, umgangssprachlich Methylalkohol) spielt ebenfalls eine wichtige Rolle in der Chemie. Es findet eine vielfältige Anwendung als Lösungsmittel. Derzeit wird es überwiegend aus Erdgas gewonnen. Künftig soll auch hier Wasserstoff über den Zwischenschritt Methan zur Methanolsynthese verwendet werden.

Übrigens: Auch die Lebensmittelindustrie benötigt Wasserstoff. Wussten Sie, dass durch Hydrierung – also Wasserstoffbehandlung – aus flüssigen Pflanzenölen streichfeste Margarine entsteht?

10.4 Sektorkopplung

In Zukunft wird man die verschiedenen Sektoren – Energie, Industrie, Gebäude, Verkehr – nicht mehr isoliert betrachten können. Schauen Sie sich in einem Beispiel an, wie alles miteinander verwoben ist:

Eine Zementfabrik produziert Zement; dies ist ein sehr energieintensiver Prozess. Kalkstein und weitere Stoffe werden bei rund 1400 °C bis 1450 °C gebrannt.[76] Sollen Bauwerke in Zukunft klimafreundlich hergestellt werden, muss der Prozess der Zementherstellung geändert werden. Zum einen könnte die benötigte Energie zum Brennen des Zements durch erneuerbare Energie geliefert werden. Damit würde jedoch die Zementfabrik noch längst nicht CO_2-neutral sein. Nur rund ein Drittel des heutigen CO_2-Ausstoßes eines Zementwerks stammt nämlich aus dem Energiesektor. Zu zwei Drittel wird beim Brennen das im Kalk (im Wesentlichen Calciumcarbonat $CaCO_3$) gebundene Kohlendioxid CO_2 freigesetzt. Das unvermeidlich entstehende CO_2 kann jedoch aufgefangen werden und mit Wasserstoff zu Methan oder synthetischem Kraftstoff verarbeitet werden. Hier kommen also noch die chemische Industrie und der Verkehrssektor als Abnehmer in Frage.

Solche Beispiele findet man zuhauf, wenn man den Einsatz von Wasserstoff durchdenkt.

---

76 Wikipedia: Zement, Herstellung

10.5 Strombedarf

Die Beispiele sollen genügen, um zu zeigen, dass dem Verkehrssektor mächtige Konkurrenten um Wasserstoff entstehen werden. Die Abschätzung, welche Mengen an Wasserstoff gebraucht werden, ist nicht einfach. Sie hängt ab von der technologischen, politischen und wirtschaftlichen Entwicklung. Die Prognose kann leicht um einen signifikanten Faktor daneben liegen. Aber als Richtwert kann man folgende Zahlen des UBA[77] und des BDI[78] zugrunde legen:

Derzeitiger Wasserstoffbedarf[79]:

Chemie (Ammoniaksynthese)	20 TWh
Chemie (Methanol-Synthese)	13 TWh
Chemie (Raffinerie)	25 TWh
Stahlherstellung[80]	derzeit praktisch null
Verkehr	< 0,5 TWh
Summe	59 TWh

Sinnvollerweise wird der Wasserstoffbedarf in elektrischen Energie-Einheiten angegeben. Um 1 kg Wasserstoff zu erzeugen, werden 55 kWh elektrische Energie benötigt. Oder weiter umgerechnet:

1 Tonne Wasserstoff aus 55 MWh,
1000 Tonnen Wasserstoff aus 55 GWh,
1 Mio Tonnen Wasserstoff aus 55 TWh.

Der künftige Wasserstoffbedarf soll überwiegend durch Elektrolyse erzeugt werden. Die verschiedenen Institutionen gehen von einer Quote von 85 % bis 95 % aus.

77 Umweltbundesamt: Klimaschutz und regenerativ erzeugte chemische Energieträger
78 Boston Consulting Group und Prognos AG im Auftrag des BDI: Klimapfade für Deutschland
79 Statista 2018: Prognostizierter Wasserstoffbedarf in Deutschland nach Industrien in den Jahren 2015 bis 2050 (in TWh Wasserstoff)
80 BDEW 16.03.2020: Wasserstoff statt Kohle: Wie wird Stahl grün? (beschreibt nur ein Pilotprojekt)

Im folgenden Szenario wird davon ausgegangen, dass das Verkehrswesen (das zuvor im Wasserstoffverbrauch keine Rolle spielte) nun bis 2050 von Benzin und Diesel vollständig auf Ökostrom und grünen Wasserstoff umgestellt würde. Weiterhin sollen die genannten Industriesektoren auf grünen Wasserstoff umgestellt werden. Dann ergibt sich folgender Energiebedarf[78]:

Chemie (Ammoniaksynthese)	20 TWh
Chemie (Methanolsynthese)	12 TWh
Chemie (Raffinerie)[81]	4 TWh
Stahlherstellung[75]	130 TWh
Industrie insgesamt:	166 TWh
Pkw-Verkehr (bei 80% BEV, 20 % FCV)	80 TWh
Nfz-Verkehr	140 TWh
Verkehr insgesamt:	220 TWh
Gesamtsumme	386 TWh

In diesem Szenario wird für den Pkw-Verkehr realistisch abgeschätzt, dass zu 80 % Strom für Batteriefahrzeuge und zu 20 % Wasserstoff für Brennstoffzellenfahrzeuge (für Langstreckeneinsatz) zum Einsatz kommen.[78] Dies ergibt die oben genannten 80 TWh. Sollte sich die Batterietechnik erfolgreich weiterentwickeln und 100 % Batteriefahrzeuge möglich sein, könnte dieser Anteil auf 50 TWh gesenkt werden. Bei 100 % Brennstoffzellenfahrzeugen läge der Energiebedarf bei 200 TWh. Bei 100 % verbrennungsmotorischen Pkw mit synthetischem Kraftstoff würde der Strombedarf auf über 530 TWh ansteigen. Dies zeigt sehr deutlich, dass immer dort, wo es möglich und sinnvoll ist auf batterieelektrische Fahrzeuge gesetzt werden soll.[82]

81 Der Verbrauch der Raffinerien sinkt durch die Umstellung der Mobilität auf Strom und Wasserstoff

82 NOW GmbH Integriertes Energiekonzept 2050: Strom Wärme Verkehr Industrie

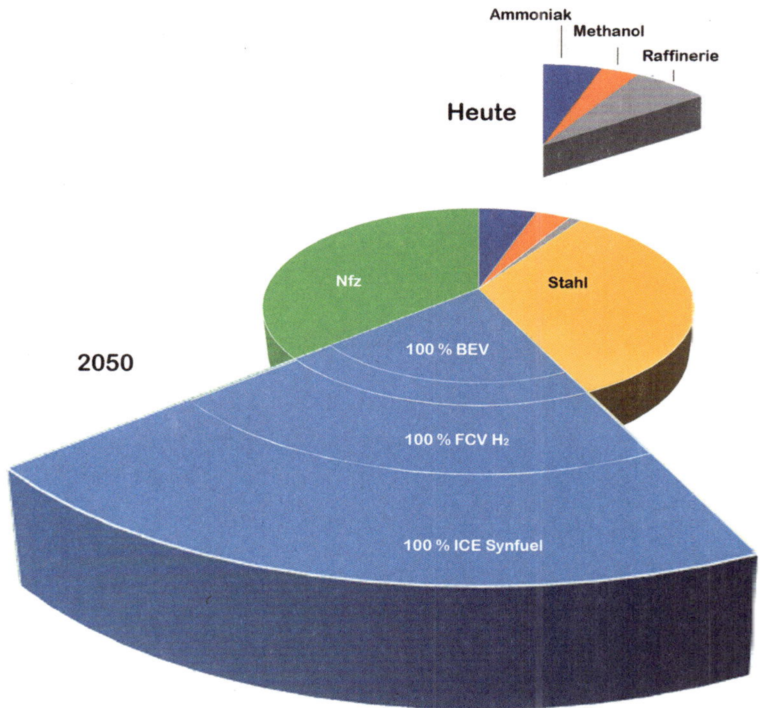

Abb. 47: Wasserstoffbedarf heute (oben) und Wasserstoff- bzw. Energiebedarf 2050 (großes Diagramm)

Neben der im Text beschriebenen Verteilung (80 % BEV und 20 % FCV) wurden noch folgende Fälle berücksichtigt:

- 100 % batterieelektrische Antriebe (100 % BEV)
- 100 % Brennstoffzellenantriebe (100 % FCV H_2)
- 100 % Verbrennungsmotoren mit synthetischem Kraftstoff (100 % ICE Synfuel)

Derzeit liegt die gesamte Stromerzeugung in Deutschland bei 607 TWh[83]. Kommt der Strombedarf der Wasserstoffproduktion (386 TWh) oben drauf, so muss man mit einer 64-prozentigen Erhöhung der Stromproduktion rechnen. So viel Strom kann in Deutschland gar nicht produziert werden. Da spielt die Frage nach Überschussstrom, derzeit 5,4 TWh, die geringste Rolle.

83 Statistisches Bundesamt

10.6 „Prognosen sind schwierig, besonders wenn sie die Zukunft betreffen.“[84]

Generell stellt sich die Frage, wie der Umbau des Energiesektors gelingen soll? Eine Prognose (auch wenn sie schwierig ist), könnte folgendermaßen aussehen:

Einerseits werden derzeit die Kernkraftwerke in Deutschland abgeschaltet, andererseits sollen spätestens bis 2038 die letzten Kohlekraftwerke vom Netz gehen. So sehr diese Maßnahmen hinsichtlich des Strahlenschutzes und des Klimawandels zu begrüßen sind, so bedeutet dies, dass der bislang fossil erzeugte Strom (dies sind etwa 60 %) nun ebenfalls durch alternative Energien geliefert werden muss. Dann kommt obenauf 27 % Mehrbedarf von der Industrie und 36 % Mehrbedarf vom Verkehrssektor. Für diese Lücke von rund 750 TWh müssten etwa 70 000 Onshore-Windkraftanlagen (5-MW-Klasse) gebaut werden. Unvorstellbar, wie dies auf der Fläche Deutschlands realisiert werden soll, wo sich gegen jede einzelne Windkraftanlage gleich der Widerstand einer Bürgerinitiative erhebt.

Derzeit ist die Rede davon, dass Windkraftanlagen in windreichen Küstenregionen oder Photovoltaikanlagen in sonnenreichen Gegenden der Erde errichtet werden sollen, z.B. in Marokko, Südafrika oder Australien. Insbesondere für Marokko trifft beides zu und die Wege nach Europa sind vergleichsweise kurz.

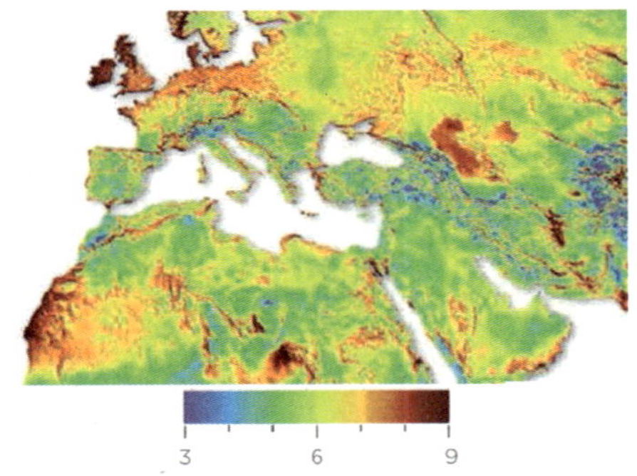

Abb. 48: Windstärke 80 m über Grund (in m/s), © Vaisala, Finnland

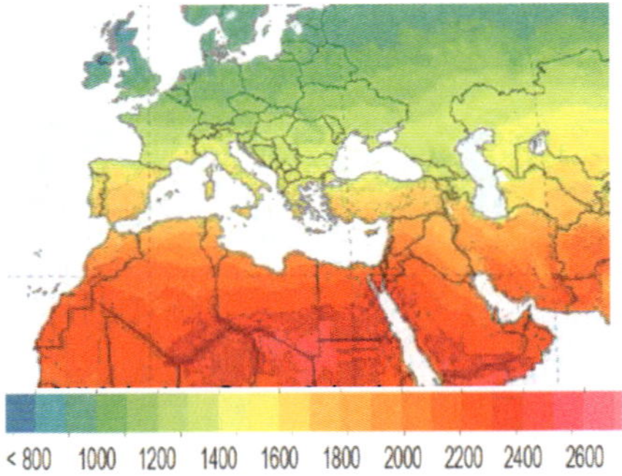

Abb. 49: Bestrahlungsstärke (in kWh pro Quadratmeter und Jahr), © Solargis „GHISolar Map“

84 Man schreibt dieses geflügelte Wort dem Kabarettisten Karl Valentin, dem Schriftsteller Mark Twain oder dem Naturwissenschaftler Niels Bohr zu.

Diese Anlagen liefern den Strom, um Meerwasser zunächst zu entsalzen und dann den Wasserstoff aus dem gereinigten Wasser zu produzieren. Der Wasserstoff wird dann mit Spezialschiffen nach Europa gebracht. Alternativ werden Methan, Ammoniak oder Kraftstoffe vor Ort synthetisiert, was den Transport vereinfacht.

Damit ergibt sich auch auf der Erzeugerseite ein differenziertes Zukunftsszenario:

Wo Strom effizient direkt verwendet werden kann, zum Beispiel in batterieelektrischen Fahrzeugen, so ist dieser Lösung der Vorzug zu geben. Der benötigte Strom kann regional produziert werden, um Übertragungsverluste gering zu halten. Der Strombedarf von 80 TWh für eine weitgehende Umstellung des Pkw-Verkehrs auf batterieelektrische Fahrzeuge entspricht etwa einem Mehrbedarf von rund 11 % gemessen an der heutigen Stromproduktion. Dies ist gut darstellbar.

Wo dagegen Wasserstoff (und eben nicht Strom!) benötigt wird, zum Beispiel in der chemischen Industrie oder im Nutzfahrzeugverkehr, wird dieser überwiegend in den Erzeugerländern produziert und dann nach Europa exportiert. Das gleiche gilt für synthetische Kraftstoffe.

11. Warten auf Wasserstoff

Grüner Wasserstoff ist das Öl der Zukunft. Die Bundesregierung hat die Nationale Wasserstoffstrategie beschlossen. Sie soll grünen Wasserstoff marktfähig machen und seine industrielle Produktion, Transportfähigkeit und Nutzbarkeit ermöglichen[85].

Grüner Wasserstoff ist zentral für das Erreichen der Pariser Klimaschutz-Ziele: Mit seiner Hilfe ist es möglich, Deutschlands größte Treibhausgas-Verursacher klimafreundlich umzugestalten und gleichzeitig den Technologiestandort Deutschland zu stärken. Wichtigster Anwendungsbereich ist die Industrie: Grüner Wasserstoff kann als alternativer Brennstoff Öfen anfeuern oder zusammen mit CO_2 z.B. als Baustein von Polymeren dabei helfen, die fossile Rohstoffbasis der Chemieindustrie zu ersetzen. Grüner Wasserstoff lässt sich dank Brennstoffzellen in Strom und Wärme umwandeln. So lassen sich Schwankungen im Stromnetz ausgleichen, Häuser beheizen und mit Elektrizität versorgen.

Relevant ist Wasserstoff vor allem in jenen Verkehrssektoren, in denen Elektrifizierung in absehbarer Zeit nicht möglich ist, das heißt: Im Bereich Flug-, Fern-, Schwerlast- und Schiffsverkehr. Durch Wasserstoff als Ausgangsstoff für synthetische Kraftstoffe lassen sich diese Verkehrsbereiche klimafreundlich umgestalten. Auch der direkte Antrieb durch Wasserstoff und Brennstoffzelle ist eine Option.

Wasserstoff gehört die Zukunft. Und es wäre im Sinne des Klimaschutzes wünschenswert, nicht zu lange auf eine globale Wasserstoffwirtschaft zu warten!

Aber beim nächsten Kauf eines Personenwagens? Warten auf Wasserstoff?

Zunächst sind Sie dran, liebe Leserin, lieber Leser: Was würden Sie dem Passanten aus dem Vorwort antworten, nachdem Sie dieses Büchlein bis zum Schluss durchgearbeitet haben?

85 BMBF Meldungen 10.06.2020

Nun meine ehrliche Antwort: Ich selbst hatte in diesem Moment keine präzisen Argumente zur Hand. Ich konnte nur die rasanten Fortschritte der Batterietechnik erwähnen und die Hindernisse bei der Wasserstoffinfrastruktur. Auch hatte ich den vielfachen Energieverbrauch des Brennstoffzellenautos genannt. Aber der kurze Meinungsaustausch wirkte in mir nach und so begann ich, meine Kenntnisse zu vervollständigen, öffnete mich neuen Aspekten und arbeitet mich in fundierte Informationen ein. Und so ist letztlich dieses Büchlein entstanden.

Warten auf Wasserstoff? Meine Antwort lautet nun: Nein - die allermeisten Personenwagen gehören nicht zu den Fahrzeugen, die um den begehrten Wasserstoff konkurrieren. Bei Personenwagen ist der batterieelektrische Antrieb möglich und bietet die weitaus energieeffizientere Lösung. Greifen Sie also bei der nächsten Anschaffung beherzt bei einem batterieelektrischen Fahrzeug zu, eine bessere Lösung ist derzeit nicht in Sicht.

Nachwort des Autors

Die vorliegende Schrift beleuchtet vor allen Dingen den Antrieb heutiger und künftiger Personenwagen aus energetischer Sicht. Da sprechen die Chemie und Physik der Umwandlungsprozesse eine eindeutige Sprache: Batterieelektrische Fahrzeuge nutzen die knappen Ressourcen am besten.

Unabhängig von der energetischen Diskussion gibt es auch viele Vorbehalte gegen batterieelektrische Antriebe aus sozialer Sicht: zum Beispiel den vermeintlichen Arbeitsplatzverlust in der klassischen Automobilindustrie, die Nicht-Einhaltung sozialer Standards bei der Rohstoffgewinnung. Weiter werden diffuse Argumente gegen den batterieelektrischen Antrieb vorgebracht: die Reichweitenangst, die Sorge vor der langen Ladedauer, die Angst vor brennenden Fahrzeugungen, die Unkenntnis des Recyclings und so weiter.

Auch nicht behandelt wurde die Kostenseite:

Wie werden sich die Kosten für den Erwerb eines batterieelektrischen Fahrzeugs entwickeln? Werden sie bei steigender Produktionszahl unter die eines heutigen verbrennungsmotorischen Fahrzeugs sinken? Und wie sieht es für Brennstoffzellenfahrzeuge aus? Wie werden sich die Erwerbskosten eines verbrennungsmotorischen Fahrzeugs entwickeln? Werden verschärfte Anforderungen an die Abgasreinigung die Kosten in die Höhe treiben? Werden die Fahrzeuge mit fallender Stückzahl teurer, also der umgekehrte Skaleneffekt?

Wie werden die Kraftstoffpreise sein? Wird Strom als primäres Produkt am günstigsten sein? Wieviel teurer wird Wasserstoff aufgrund des dreifachen Strombedarfs und synthetischer Kraftstoff aufgrund des achtfachen Strombedarfs?

Wie hoch sind die Kosten der jeweils benötigten Infrastruktur? Also Ladesäulen einerseits, Elektrolyseure und Tankstellenumrüstung andererseits. Oder die Investitionen in den PtL-Prozess? Wie beeinflusst dies die Kraftstoffkosten?

Fragen über Fragen... Diese Punkte habe ich bewusst ausgelassen, denn damit wäre das vorliegende Buch überfrachtet worden. Darüber könnte ich noch ein weiteres Buch schreiben.

Anhang

Im Anhang finden Sie Begriffe, die vielleicht nicht jedem geläufig sind und deshalb hier nachgeschlagen werden können:

Leistung:

Die Leistung eines Antriebs wird in Kilowatt (kW) angegeben. Vielen ist noch die veraltete Einheit PS (Pferdestärke) ein Begriff, vielleicht sogar ein Begriff, der noch weitaus geläufiger als das Kilowatt. Ein PS war von James Watt als die Leistung eines überaus starken Grubenpferds festgelegt worden, damit seine Kunden der Dampfmaschine einen Vergleichsmaßstab hatten. Im Zeitalter der alternativen Antriebe sollten Sie sich aber auf die international genormte Einheit Kilowatt umstellen:

1 kW = 1,35962 PS

Das Kilowatt oder Watt werden Sie bereits von den elektrischen Verbrauchern im Haushalt kennen: Eine LED-Lampe: 11 W, eine Kochplatte: ca. 500 W, Herd: 2 kW, Haartrockner: 2,2 kW

Umrechnung:

1 Kilowatt (kW) = 1000 Watt (W)

1 Megawatt (MW) = 1000 Kilowatt (kW)

1 Gigawatt (GW) = 1000 Megawatt (MW)

Energie:

Der Stromverbrauch, oder allgemeiner der Energieumsatz, wird häufig in Kilowattstunden (kWh) angegeben. Eine Kilowattstunde Strom wird verbraucht, wenn man ein Gerät mit 1 Kilowatt Leistung eine Stunde lang benutzt. Mit einer Kilowattstunde kann man z.B. eine Maschine Wäsche waschen, eine Stunde staubsaugen, zehn Stunden fernsehen oder 90 Stunden eine LED-Lampe (11 Watt) leuchten lassen.

Umrechnung:

1 Megawattstunde (1 MWh) = 1000 Kilowattstunden (1000 kWh)

1 Gigawattstunde (1 GWh) = 1000 Megawattsunden (1000 MWh)

1 Terawattstunde (1 TWh) = 1000 Gigawattstunden (1000 GWh)

Chemische Energie:

Kraftstoffe besitzen eine chemische Energie, die beim Verbrennen in Wärme umgesetzt wird:

1 Liter Superbenzin:	8,527 kWh
1 Liter Diesel:	9,912 kWh
1 Liter flüssiger Wasserstoff:	2,351 kWh
1 Liter gasförmiger Wasserstoff (unter Normaldruck):	0,003 kWh
1 Liter gasförmiger Wasserstoff bei 700 bar:	2,097 kWh

Zum Vergleich:

1 Liter Lithium-Ionen-Batterie samt Gehäuse und Verkabelung speichert (derzeit):	0,4 – 0,5 kWh

Chemische Elemente und Moleküle:

H_2	Wasserstoff	Wasserstoff ist das häufigste Element im Weltall, kommt aber auf der Erde nur gebunden vor, hauptsächlich in Wasser und organischen Verbindungen. Um Wasserstoff zu gewinnen muss Energie aufgebracht werden, um den Wasserstoff aus seiner Verbindung herauszulösen.
O_2	Sauerstoff	Sauerstoff ist notwendig für alle Arten von Verbrennungen, nicht nur bei der Verbrennung der bekannten Brennstoffe und Kraftstoffe, sondern auch bei biologischen Vorgängen wie der Atmung. Sauerstoff ist zu etwa 21 % Bestandteil der Luft. Am häufigsten kommt Sauerstoff gebunden im Wasser H_2O vor. Viele Metalle oxidieren, d.h. gehen eine Verbindung mit Sauerstoff ein (Eisen rostet). Die entstehenden Verbindungen werden als Oxide bezeichnet.
C	Kohlenstoff	Kohlenstoff ist Bestandteil aller organischen Verbindungen. Organische Verbindungen, die in Jahrmillionen abgeschlossen von der Erdoberfläche verwittern, wandeln sich in Erdgas, Erdöl und Kohle um. Kohlenstoff in Reinform ist Diamant oder Graphit, beide unterscheiden sich in der Anordnung der Kohlenstoffatome.
H_2O	Wasser	Wasser ist das Reaktionsprodukt von Wasserstoff und Sauerstoff, sei es in Form von „heißer" Verbrennung (Knallgas-Explosion) oder in Form von kalter Verbrennung (Brennstoffzelle). Durch Energiezufuhr kann Wasser wieder in seine Bestandteile Wasserstoff und Sauerstoff zerlegt werden. Elektrolyse.

CO_2	Kohlendioxid	Kohlendioxid entsteht durch die Verbrennung kohlenstoffhaltiger Substanzen, z.B. Kraftstoffen. Kohlendioxid in der Atmosphäre wirkt wie die Verglasung eines Gewächshauses: eine geringe Menge ist erforderlich, damit auf der Erde angenehme Temperaturen herrschen. Eine zu große Menge führt zur übermäßigen Erwärmung der Atmosphäre (Klimawandel).
CO	Kohlenmonoxid	Ein geruchloses, hochgiftiges Gas, das bei unvollständiger Verbrennung von Brennstoffen und Kraftstoffen entsteht.
CH_4	Methan	Methan entsteht bei der Zersetzung organischer Substanzen, bei erdgeschichtlichen Vorgängen als Erdgas bezeichnet, bei kurzfristiger Gärung als Biogas bezeichnet. Methan kann als Kraftstoff in Verbrennungsmotoren verwendet werden oder als Brennstoff in besonderen Formen der Brennstoffzelle.
N_2	Stickstoff	Überwiegender Bestandteil der Luft (78 %). Reagiert bei mäßigen Temperatur nicht; erst bei hohen Temperaturen > 800 °C reagiert Stickstoff mit Sauerstoff und bildet Stickoxide, die giftig sind.
N_2O	Lachgas	Lachgas entsteht bei der Zersetzung organischer Substanzen. Es hat eine sehr starke Auswirkung auf den Klimawandel.
NO_x	Stickoxid	NO_x ist die Sammelbezeichnung für Stickoxide, wie z.B. NO, NO_2, N_2O_3. Stickoxide entstehen bei hohen Verbrennungstemperaturen, dabei verbrennt der Sauerstoff der Luft nicht nur den Kraftstoff, sondern auch den Stickstoff aus der Luft. Dabei entstehen Stickoxide, die die Atemorgane reizen. Stickoxide sind in erster Linie ein Problem von Dieselmotoren, die bei hohen Temperaturen arbeiten. Hohe Verbrennungstemperaturen ergeben einerseits einen günstigen Verbrauch, andererseits entstehen Stickoxide.

NH_3	Ammoniak	Stechend riechendes Gas. Wird bei Dieselmotoren verwendet, um die Stickoxide unschädlich zu machen. Unter der Handelsbezeichnung AdBlue® wird eine wässrige Harnstofflösung angeboten, die bei der Abgasnachbehandlung in das heiße Abgas eingespritzt wird und dort zu Ammoniak zerfällt. Ammoniak ist zudem eines der wichtigsten Grundprodukte der chemischen Industrie. Daraus werden unter anderem Düngemittel, Sprengstoffe und viele weitere chemische und medizinische Produkte hergestellt.
CH_3OH	Methanol	Methanol ist der einfachste Alkohol und nicht mit Ethanol zu verwechseln, der zum Beispiel in alkoholischen Getränken vorkommt. Methanol ist giftig. Methanol wird als Lösungsmittel und als Ausgangsprodukt in der chemischen Industrie verwendet. Es könnte auch als Kraftstoff in Verbrennungsmotoren verwendet werden.
Li	Lithium	Lithium ist das leichteste Metall und sehr reaktiv. Lithium-Ionen Li^+ sind positiv geladen, d.h. das Lithium hat ein Elektron abgegeben. In dieser Form wandert es zwischen den Elektroden der Batteriezelle. Das Elektron wandert entsprechend im äußeren Stromkreis.
$CaCO_3$	Calciumcarbonat	Umgangssprachlich Kalk. Ausgangsprodukt bei der Zementherstellung.

Über den Autor

Roland Schulé ist promovierter Diplom-Physiker (Uni Heidelberg). Nach Lehre und Forschung an der Uni Frankfurt war er einige Jahre Leiter der Elektronik-Entwicklung in einem mittelständischen Unternehmen. Seit Ende der 80er Jahre ist er als selbstständiger Berater und Autor tätig und erstellt Lehrwerke und computergestützte Lernprogramme. Über 20 Jahre lang hat er im Auftrag der BMW AG und der Daimler AG Lernprogramme entwickelt, mit denen Servicemitarbeiter der jeweiligen Serviceorganisationen in neuen Fahrzeugen und Systemen geschult wurden. Darunter waren auch die Einführungsschulungen des smart electric drive der Baureihen 451 und 453 sowie B-Klasse electric drive.

Ihn haben bereits seit den 90er Jahren innovative Antriebssysteme wie den batterieelektrischen Antrieb und den Brennstoffzellenantrieb fasziniert. Seit 2004 fährt er Elektroautos, zunächst die Leichtkraftfahrzeuge TWIKE III und SAM EV II (eher als Hobby), dann smart electric drive (für die alltäglichen Kurzstrecken) und derzeit Tesla Model 3 (als einziges Fahrzeug für alle Einsatzbereiche).

Aufgrund seines wissenschaftlichen Hintergrunds, der langjährigen Befassung mit der Optimierung von Verbrennungsmotoren sowie des eigenen Erlebens der Elektromobilität von der Pionierphase bis heute kann er kompetent die Konzepte gegenüberstellen.

Danksagung

Danke

an alle, die mich bei der Erstellung dieses Buches unterstützt haben.

- Moritz Schulé hat als erfahrener Entwickler bei einem Automobilhersteller einen besonders geschulten Blick auf die Richtigkeit der Darstellung geworfen und hat einige Verbesserungen vorgeschlagen.

- Axel Gruppe hat als Naturwissenschaftler den Text durchgesehen und durch viele Anmerkungen und Rückfragen die Aussagen abgesichert.

- Paul Schulé hat mich an die Adressierung der Zielgruppe und deren Ansprache erinnert. Unter anderem entsprang der aktuelle Buchtitel seinen Anmerkungen.

- Susanne Weiß, Katharina Schiebeler und Sarah Kluge danke ich für ihre Durchsicht des Textes und die Ermutigung, dranzubleiben und aus einem schlichten Text ein Buchmanuskript zu machen.

- Mein Dank geht vor allen Dingen an Hajo Schörle, Buch & Bild Verlag, der für das Layout, etliche grafische Darstellungen sowie die gesamte Produktion verantwortlich zeichnet. Seit Jahren bereits engagiert in der Unterstützung der Elektromobilität hat er die Entstehung des Buchs mit besonderem Interesse begleitet.

Jedes Buch hat irgendwo mit einem Gespräch, einer Idee seinen Anfang genommen. Auch diesen Impulsgebern möchte ich danken. Stellvertretend für viele möchte ich nennen:

- Danke an Klaus Gall, Siegfried Neub und weitere Personen vom Carsharing-Verein Weilermobil für die lange Zusammenarbeit sowie die Einladung zu einem Vortrag über Elektromobilität. Der Vortrag wurde wegen der Corona-Pandemie buchstäblich in letzter Minute abgesagt, aber das Vortragsmanuskript bildete in der Folge die Keimzelle für dieses Buch.

- Dem Verein Electrify-BW verdanke ich viele Anregungen. Insbesondere hat mich Andreas Hohn darauf aufmerksam gemacht, dass Wasserstoff viel weitergedacht werden müsse als nur für die Mobilität.

- Dank gebührt auch der Initiative pro e-mobil Schwarzwald-Neckar-Alb, namentlich Hajo Schörle, Klaus-Peter Thierer und Jerôme Brunelle, für viele Anregungen.

Schließlich danke ich auch meiner leider viel zu früh verstorbenen Frau Anna-Maria, die mich in meinem Engagement für die Elektromobilität stets unterstützte. Sie kannte keine Berührungsängste mit unorthodoxen Ideen und benutzte souverän die abenteuerlichen „Kisten" der Frühzeit der Elektromobilität.

Anmerkung des Verlegers, Hajo Schörle:

Ich danke dem Autor, Roland Schulé, für das Vertrauen, das Manuskript in meine Händer zu legen. Es hat mir Freude gemacht, das Thema und die Umsetzung des Buches zu begleiten. Ich wünsche uns beiden einen guten Weg mit dem Buch und die Wertschätzung der Leser.

Für uns alle wünsche ich mir einen offenen und ergebnisorientierten Dialog um Lösungen für unsere Zukunft zu finden und beherzt zu gestalten.

Abbildungsverzeichnis

Alle Fotos, Tabellen und Grafiken ohne Quellenangaben wurden vom Autor erstellt.

Weitere Bücher zum Thema E-Mobilität

Das A und O der Elektro-Mobilität

Visionen und Betrachtungen zur Elektro-Mobilität

- DIN A5, Softcover, 52 Seiten
- ISBN: 978-3926341167, Preis: 7,50 EUR

Hochspannung

Ein E-Mobil-Krimi

- Spannender Krimi rund um das Thema E-Mobilität
- Taschenbuch, Softcover, Format: 14,8 x 21 cm, Umfang: 190 Seiten,
- ISBN-13: 978-3926341099, Preis: 8,85 EUR

Ladeweile

Das Lese-, Rätsel-, Mal- und Bastelbuch für kleine und große E-Mobil-Fans

- DIN A4 Querformat, geheftet, Umfang: 40 Seiten,
- ISBN-13: 978-392634136, Preis: 9,- EUR
- Dto. Hardcover, gebundene Ausgabe
- ISBN-13: 978-392634129, Preis 18,50 EUR

Unsere Tankstelle ist auf dem Dach

Die andere Autogeschichte für Kinder und Erwachsene.

- Vorlesegeschichte für Kinder über Mobilität und Energie
- Ausführung: geheftet, DIN A6, 100% Recycling Papier, 32 Seiten,
- ISBN: 978-3-926341-23-5, Preis: 3,- EUR